Die Mischna

Aufbau und Quellenscheidung.

Von

Dr. Ludwig A. Rosenthal
Rabbiner zu Preußisch-Stargard.

Erster Band: **Seraïm.**

Aus der zweiten Hälfte: **Maaßeroth.**

Straßburg.
Verlag von KARL J. TRÜBNER
1906.

Herrn

Buchdruckereibesitzer Arthur Scholem

in Berlin

in Dankbarkeit gewidmet

vom Verfasser.

Vorbemerkung.

Im Anschluß an die „erste Hälfte" dieses Bandes betrachten wir hier den Traktat Maaßeroth von seiten seines Zusammenhangs und der verschiedenen in ihm verarbeiteten Quellen. Dabei stellt sich Folgendes heraus: Die älteren Teile, vorwiegend die Pflanzenaufzählung*) und die Hofsatzungen,**) greifen in eine uralte Zeit zurück, der gegenüber Hilleliten und Schamaïten die jüngeren sind. Mit E und Ak erweitern sich langsam die Quellen, auf M***) und Id****) ist der Bau des Ganzen, wie Therumoth uns schon erwiesen hat, gegründet, SbG und Jose wird damit verbunden, und erst Simon zeigt die erste Spur eines Traktats Maaßeroth. Als Nachgeborene erscheinen R und seine Genossen, welche die von SbG begonnenen Schiebungen von Halakhot fortsetzen, bis unser Traktat vorliegt. Wir werden die amoraïschen Halakhot am Schlusse der zweiten Hälfte behandeln.

Vieles wird in unseren Darlegungen klarer und deutlicher hervortreten, wenn wir unsere Auseinandersetzung über Therumoth werden veröffentlichen können. Aber auch jetzt wird der Einblick in die Quellen, auf die wir hingewiesen, dabei auch in unser „Die Mischna, Aufbau und Quellenscheidung,

*) Maaß. 1,3_9β כסבר etc. 4_5β$_6$· כסבר etc. 5_6.

**) 3_{5-10}.

***) Vorwiegend 2_1—3.

****) Vorwiegend 4_1—5_5.

erste Hälfte", besonders aber der gute Wille, den Verfasser zu verstehen, seinen Lesern die Sache erleichtern. Wie ich in der Einleitung zur ersten Hälfte gesagt, will ich belehrt, berichtigt werden.*) Allerdings unbewiesene und leicht hingeworfene Urteile nehme ich nicht an und weise sie zurück, von wem sie auch kommen. Ich selbst habe solche Urteile nicht ausgesprochen und glaube derartigen flüchtigen oder oberflächlichen B sprechungen gegenüber, in aller Bescheidenheit, meine eigenen im Literaturblatt kühn als Muster entgegenhalten zu können. Merkwürdig genug, daß ich, der ich mir bewußt bin, auf unbearbeiteten Gebieten geirrt zu haben, der selbst alle Bedenken kennt, die seine Behandlungsart hervorruft, wie Hiob nach dem Richter rufe; aber werde ich seine Stimme zu hören bekommen? Die Zeiten talmudischer Erörterung sind dahin, man traut sie sich mit Recht nicht zu und fürchtet die Entgegnung des andern. Ich bin mir dessen bewußt, diese stets gewünscht und, sollte ich auch als dreifach Unwissender dastehen, in der Richtigstellung meiner Irrtümer stets den größten Gewinn gesehen zu haben. Aber ich darf dann nichts mehr dagegen anführen können. Solange ich das kann, ist es Sache des Gegners, mich zu überzeugen. Eine so gemeinsame Nachprüfung zeigt mir auch, wo ich zu wenig Nachweise für meine Ansichten geführt habe. Es spornt mich an, wenn ich mich durch eigene Schuld mißverstanden sehe, die Beweise, die mir dem Kenner gegenüber — nur ihn habe ich im Auge! — überflüssig schienen, nachträglich beizubringen und in Zukunft nicht so wortkarg zu sein. Aber ich muß erfahren können, wo mich diese Vorwürfe treffen. Daß ich hier gewisse unbeachtet gebliebene, von mir schon früher geäußerte Grundsätze und Ergebnisse in den Vordergrund dränge, wird man mir nicht verargen.

*) Jedoch muß der Beurteilende auch zeigen, daß er das Richtige darin zu würdigen weiß.

Oft mußte ich andeutungsweise reden; das liegt daran, daß dieser Teil meiner Arbeit aus Artikeln im Literaturblatt zusammengestellt ist, und ich mit dem Raume zu rechnen hatte. Doch hoffe ich, daß der Leser die angegebenen Stellen ansieht und dadurch meine Ansichten verstehen wird. Ich beantworte auch jede Frage darüber gern.

Wie ich die Gemaroth benutze, habe ich in der Einleitung zur ersten Hälfte*) angegeben. Die Abkürzungen sind dieselben wie dort.

Ein fehlerfreies Werk zu liefern, habe ich in der Einleitung zur ersten Hälfte nicht versprochen. Dann wäre ich zu dieser und jeder anderen wissenschaftlichen Arbeit unfähig. Gibt man mir bei allen Bedenken nur den Fleiß zu, dessen der Arbeiter sich nach Lessing rühmen darf; gibt man mir zu, „daß ich auf meinem Wege wissenschaftlichen Stoff zutage gefördert habe", so gibt man mir zu, was ich wollte, so ist meine Arbeit nicht vergebens. Wer hier mehr zu bieten verspricht, der kennt die Gesetze der Quellenforschung überhaupt nicht. Ich habe an anderen Werken von hervorragenden Verfassern nachgewiesen, daß die ganze Anlage, der ganze Grundgedanke falsch ist, daß diese Fehler aber Veranlassung zur Auffindung wichtiger Einzelheiten gegeben. So kann mein Hauptgedanke falsch sein, aber die Einzelheiten müssen es nicht alle sein; und umgekehrt. Nur sei man im Lesen nicht kurzatmig.

Daß diese Arbeit die Freundin meines Lebens stets gewesen ist, daß sie mir Trösterin bleibt inmitten wissenschaftlicher Vereinsamung, das gibt mir die Gewähr, daß ich ihr auch weiterhin nicht werde untreu werden.

---

*) Gegen Ende derselben.

Maaßeroth.

I.

Aufbau.

§ 1.

Vor mir liegt der zur ersten Mischnaordnung gehörige Traktat Maaßeroth, der von dem Levitenzehnt handelt.

Ich möchte vor allem den Aufbau des Traktats in der Hand haben, um mich mit den Einzelheiten abfinden zu können. Was finde ich da? Am Anfang (1_1) zwei Regeln, welche die zehntpflichtigen Früchte bestimmen wollen. Dann 1_2 die Zeichen der Reife und damit den Zeitpunkt der Zehntenpflicht. Wozu aber 1_5 ein zweiter Zeitpunkt, der in seinen Bestimmungen bis 1_8 geht?

Folgen nun Einzelheiten über die Verzehntung? Es geht jemand 2_2 mit Früchten über die Straße, trifft 2_2 Leute im Tore oder Laden sitzen, 3_3 zieht er damit von Provinz zu Provinz — so wird wohl die örtliche Bewegung das äußerlich zusammenhaltende Band sein? Weit gefehlt! 2_4 gibt jemand die Therumah vor der Fruchtreife, 2_5 und $_6$ kauft jemand Früchte vom andern, $2_{7,8}$ bestimmt das Verhältnis der Arbeiter zum Arbeitgeber und wir erinnern uns, ähnliches in Baba Meziah 7_2 ff. gelesen zu haben.

3_1 führt uns mit einem Mal zu 2_1 zurück, denn wir befinden uns im Hofe, wieder mit Arbeitern, die 3_2 aufs Feld geführt werden; 3_3 werden, wie schon 2_7, mit ihnen Bedingungen vereinbart (weshalb die Trennung einander so ähnlicher Mischnas?). 3_4 findet man mit einem Mal Früchte am Wege — wir sind also wieder weitab von den Arbeitern!

Urplötzlich begegnet uns die Frage, welcher Hof die Maaßerpflicht hervorruft? (3_5). Hier befinden wir uns, wie im ersten Abschnitt, auf festerem Boden, denn Oertlichkeiten, wie Dächer (3_6), Hütten (3_7), der Hof mit Weinstöcken und Feigenbäumen (3_{8-10}) fesseln unser Auge, wenn auch in bunter Reihe. Wir ahnen, daß der Hof (3_1), die Straße, der Laden ($2_{1, 2}$), die wir oben hatten, hier ihre Erklärung finden mögen, fragen uns aber, warum der Ordner uns das Rätsel nicht vorher gelöst hat? Weshalb außerdem Ende 3 der Vergleich mit den ummauerten Städten (wo verkaufte Häuser nur im selben Jahre zurückgekauft werden können), mit der Zufluchtsstätte des Mörders und mit dem zweiten Zehnt gerade hier auftritt, weshalb nicht andere Gegenstände von vorher in ähnlicher Weise zum Vergleich herangezogen sind? (z. B. die Regel Peah 1_4 mit der fast gleichlautenden Anfangsregel Maaßeroth 1_1; vgl. Peah 1_6 ff!)

4_1 reißt der Faden wieder ab; es werden Speisen bereitet. 4_2 bewahrt man Feigen zum Sabbat. Also ist wohl die Bereitung und das Mahl die anschauliche Grundlage? Nein! Denn 4_3 nimmt man Oelbeeren aus dem Behälter, taucht sie (wie 4_1) in Salz und ißt sie sofort, 4_4 trinkt man aus der Kelter, 4_5 nimmt man Gerstenkörner aus der Aehre — also ist doch wenigstens der Genuß, ob beim Mahle oder vorübergehend, der zusammenhaltende Gesichtspunkt?

Durchaus nicht! 4_5b hätten wir gern am Anfang gesehen, denn es ist von der Zehntenpflicht bei Sämereien die Rede. Aber nur bis 5_1!

Da lichtet man den Wuchs der Schößlinge durch Umpflanzung ($5_{1, 2}$) — aber $5_{3, 4}$ verkauft man wieder Früchte oder Stroh (Aehnliches hatten wir $2_{5, 6}$); 5_5 kauft man ein Feld in Syrien, 5_6 stellt man plötzlich Trester an, 5_7 handelt von Ameisenlöchern mit ihrem Körnerinhalte. Der Ordner kann uns nicht entlassen, ohne am Schlusse noch einmal (wie am

Anfang und wie 4 Schluß) das Verhältnis gewisser Kräuter zur Maaßerpflicht zu behandeln. —

§ 2. Der erste Eindruck, den wir von der Ordnung in Maaßeroth erlangen, ist der der Grundsatzlosigkeit. Dieser erste Eindruck ist für das Gefühl, das den Quellensucher zu leiten hat, von größter Wichtigkeit; er darf durch die spätere bessere Erkenntnis der leitenden Gesichtspunkte nicht verwischt werden — bietet er uns doch die äußeren Handhaben, die aneinandergereihten Stücke zu erkennen. Vertiefen wir uns dagegen erst in die halachische Arbeit des Ordners, so laufen wir Gefahr, diesen Eindruck zu verlieren.

So haben wir denn auch diesen flüchtigen Ueberblick nicht umsonst gemacht.

Als größere Stücke haben wir bemerkt: 1_{2-4} mit der Fortsetzung (vielleicht der ursprünglichen Nebenquelle) 1_{5-8}. Hierhergewünscht hätten wir alles, was an Pflanzenaufzählungen in Maaßeroth vorhanden ist, also die zerstreuten Stücke 4_5 β_6 5_8. Als zweites größeres Stück haben wir 3_{5-10} erkannt (das Verhältnis der häuslichen Oertlichkeiten zur Maaßerpflicht, das uns Voraussetzung zu Abschnitt 2_{1-3} und 3_1 zu sein schien.) Kauf und Verkauf hat an zusammenhängenden Reihen $2_{5,\,6}$, $5_{3,\,4}$, ($_5$ Feldkauf) hervorgerufen. Arbeitersätze sind $2_{7,\,8}$ 3_1 β_{-3}, 5_5 Von der Zubereitung und dem Genusse handeln 4_{1-5} α und 5_6. Die beiden Regeln am Anfange werden, wie wir zunächst annehmen wollen, zu der Aufzählung der Arten am Anfang gehören. Schwer unterzubringende Einzelsätze sind 2_4, was wir nach Therumoth gewünscht hätten; 3_4 (Fund von Früchten, an BM erinnernd und dort 21 gebracht); endlich 5_7 die Ameisenlöcher mit ihrem Inhalte.

Dies Ergebnis halten wir als Frucht des ersten flüchtigen Einblicks fest; solche Reihen werden sowohl bei der Untersuchung des Aufbaus, wie auch bei der Quellenscheidung uns von größtem Nutzen sein.

Es wäre dem Ordner sehr leicht gewesen, einen uns genehmen Zusammenhang mit entsprechenden Versetzungen der hier vorhandenen Bestandteile in den Stoff von Maaßeroth hineinzubringen.

Lasse man den ersten Abschnitt vorne stehen, wo die maaßerpflichtigen Arten nebst dem Zeitpunkt der Verpflichtung vorkommen und ziehe man, um alles zusammen zu haben, 4_5 β und 5_8 hierher; ebenso 2_4, das einen Ausnahmefall behandelt.

An die zweite Stelle setze man die verpflichtenden Räume 3_{5-10}, und man hat die Voraussetzungen zusammen: Arten, Zeit und Ort der Maaßerpflicht. (Hierher auch 3_4).

Dann führe uns der Ordner durch das Land (2_3), durch die Straße ($2_{1, 2}$), durch den Hof 3_1, um die soeben gegebenen Voraussetzungen zu benutzen.

Darauf die Arbeitersätze; der Vertrag (5_5 2_7, 3_3); Einzelbedingungen ($2_{7, 8}$); Arbeiter auf dem Felde (3_2).

Sodann Benutzung der Früchte mit Bezug auf die Zehntenpflicht (4_{1-5} α, 5_7).

Kauf und Verkauf in gleicher Beziehung (2_{5-6}, 5_{3-5}).

Versuche man es, dem Traktat diese Ordnung zu geben, und man wird sich überzeugen, daß sich dann alles gut aneinanderreiht.

Der Ordner muß das ebenso gemerkt haben, wie wir. Wenn er es doch anders gemacht hat, so muß eine große Notwendigkeit ihn dazu gezwungen haben, dem Ganzen eine so wenig klare Gestalt zu geben oder zu belassen. Künstliche Verbindungen und Ueberbrückungen könnte man ja versuchen. Sie würden dem Scharfsinn des Forschers alle Ehre machen, aber der Ordner der Mischna würde sich über all die schönen ihm untergelegten Grundsätze sehr wundern.

Wo sich der Zusammenhang nicht im ersten Augenblicke uns in allgemeinen Zügen zeigt, da müssen wir halachische Grundsätze im Hintergrunde wittern und außerdem annehmen, daß die Eigenart der aneinandergereihten Stücke eine Trennung der Bestandteile unmöglich machte.

Wer die Außenseite der Mischna außer Acht läßt, kann keine Quellen entdecken, weil ihm die kleinen Merkzeichen derselben fehlen; wer das Innere nicht beachtet, dem wird die gedankliche Verbindung des Ganzen ein Rätsel sein.

Versuche man es, die Tatsache, daß der Zusammenhang äußerlich schwierig ist, aus der Welt zu schaffen! Versuche man es, diese Betrachtungsweise als unberechtigt anzusehen — es wird schwer gelingen!

§ 3. Ein Blick fort von der äußeren Gestalt wird uns auf einen Grundsatz führen, der das Ganze blitzartig erhellt. Welcher halachische Grundsatz mag das sein?

Fragen wir uns nach den Ausgangspunkten des Traktats Maaßeroth, um danach den ganzen Aufbau zu erkennen.

1_1 enthält eine Doppelregel über die zehntenpflichtigen Früchte, wie wir eine solche Schebiith 7_1 bereits gefunden haben.

Jer. z. St. weist uns (nach Simsons übersichtlicher Fassung) auf Deut. 14_{22} hin: Verzehnte allen Ertrag deiner Aussaat, wie der Ertrag sei das Maaßer eßbar (also 1_1 כל שהוא אוכל); deiner Aussaat; damit ist nur Ausgesätes gemeint (Erdschwämme also nicht! גידולו מן הארץ!); ich verstehe darunter nur Getreide; woher Hülsenfrüchte und andere Arten? Durch den Satz Lev. 27_{30}: Und jeder Zehnt des Landes von aller Aussaat der Erde von der Frucht des Baumes.“ Also Früchte, אין תחלתו אוכל אבל סופו אוכל (die zur Maaßerpflichtigkeit der Reife bedürfen). Jer. sagt weiter: Woher kommt die Maaßerpflicht für die Kräuter? Das ist rabbinische

Pflicht. Daher, auf Kräuter bezüglich, כל שתחלתו אוכל . . . חייב קטן וגדול.

Die Regel 1_1 findet ihre Ausgestaltung in den darauffolgenden Mischnas des ersten Abschnitts. עד שיעשה אוכל sagt 1_1; darauf fragt 1_2: Von wann an sind nun die Früchte maaßerpflichtig? Wann erfüllt sich die oben genannte Bedingung? Eine zweite Reihe beginnt: איזהו גרנן למעשרות (1_5 ff)? $1_{2, 3}$ werden Früchte, $_4$ werden Kräuter behandelt; nach der zweiten Frage zuerst Kräuter 1_5, dann Früchte 1_6 (nach dem gedächtnismäßigen Aneinanderreihungsgesetz abba).

Am Schlusse der ersten Reihe heißt es: „Wobei gelten diese Bestimmungen? Wenn man die Früchte auf den Markt bringt; führt man sie aber ins eigene Haus, dann darf man (vor der Verzehntung) einen kleinen Imbiß davon nehmen, bis man ins Haus gelangt." Dem Käufer gegenüber gelten die Früchte als vollreif, weil ihm ihr jetziger Zustand Hauptsache ist; nimmt man sie nachhause, dann ist גמר מלאכה wörtlich zu nehmen, bedeutet also nicht nur Reife, sondern Beendigung der menschlichen Arbeit, die an den Früchten zu geschehen hat. Die bisherigen Zeitpunkte (1_{2-4}) gestatten also noch אכילת עראי. Die zweite Reihe 1_5 spricht von גמר מלאכה, Vollreife oder Arbeitsbeendigung, durch endgültige Unterbringung oder Verarbeitung der Früchte erzielt. Ende 1 zerbricht ein Faß oder öffnet sich ein Feigenbehälter (in welchem Preßfeigen festliegen) — da darf man — (gegen Joses Ansicht) keinen vorübergehenden Genuß mehr davon haben. Kann nämlich der Zweck der menschlichen Tätigkeit an diesen Früchten nicht mehr erfüllt werden, so nehmen wir an, daß der Zeitpunkt der Maaßeroth da ist. (Doch s. T. 1_{11} Jose, Jer. und Erklärer).

Die zweimalige Erwähnung vom Verbote der

אכילת עראי im ersten Abschnitte bringt uns darauf, daß dies die Satzung sei, durch die sich die eigenartige Ordnung von Maaßeroth wird erklären lassen. Ist der kleine Imbiß noch gestattet oder schon verboten? — das ist die Frage, welche gestaltend den ganzen Traktat durchzieht.

§ 4. Bemerkung: Wir müssen uns hier unterbrechen, um die uns auffällig gewesene Trennung der aufzuzählenden Pflanzenarten zu betrachten, deren einzelne wir nicht hier vorne, sondern 4_5 β und 5_8 finden.

Jer. sagt nämlich weiter: „Die nicht eßbaren Gartensämereien — sind die auch maaßerpflichtig? Nein, sie sind ausgenommen. Es heißt nämlich Lev. 27_{30}: מזרע הארץ von der Aussaat der Erde, also von den Sämereien (vergleiche das de partitif im Französischen) und nicht alle Sämereien sollst du zur Verzehntung verwenden. Ausgenommen werden die nicht eßbaren Gartensämereien.

Die Jer.-Stelle an sich (wir haben sie nach Simson gebracht) entspricht dem Sifri II. 105. Dieser handelt an einer Stelle (wie Jer. am Anfang des Traktats) von allen Arten, auch den in der Mischna vom Anfang getrennten. Es wird geradezu auf die Maaßerpflicht für שחלים וגרגיר hingewiesen, die wir nicht am Anfang der Mischna, sondern erst 4_5 β finden, und dicht daneben werden לפת וצנונות וזרעוני גנה ausgenommen, die genau 5_8 den Schluß des Traktats bilden.

Mit Recht schien es uns oben auffällig, daß so zusammengehörige Teile so auseinandergerissen sein sollen. Der Midrasch setzt ihre Zusammengehörigkeit voraus, indem er sie zusammen behandelt.

Was hindert uns nun, anzunehmen, daß diese Teile einer gemeinsamen Quelle entstammen, ja, daß sie sich einst nebeneinander befunden haben? Soll das etwa „eine jener planlosen Zusammenwerfungen des Verschiedenartigsten“ sein? Wem dies so überkühn erscheint, den weisen wir auf 3_9 β hin. Hier werden Ysoparten, wenn auf dem Hofe verwahrt, als נשמר maaßerpflichtig. Es ist eine kurze Stelle, die wir kaum von dort fortgewünscht hätten, weil der Hof (von 3_5 an die Hauptsache) dort vorkommt. Sehen wir aber T 1_4 an, so finden wir da הסיאה והאזוב והקורנית; da ist nun kein Zweifel mehr, daß es als Aufzählung von Arten, wie in T, so auch in der Mischna am Anfang sich befunden habe. Wir werden weiterhin finden, welche Gründe die Trennung dieser Bestandteile von einander verursacht haben.*)

§ 5. Wir haben oben gefunden, daß von 1_5 an die Maaßerpflicht einen selbst kleinen Imbiß vor ihrer Erfüllung hindert. Dortselbst wurde ein Unterschied gemacht, ob man die Früchte auf den Markt bringt (wobei sofort אכיל' עראי sich verbietet), oder nachhause, wo es bis zum Eintritt in das Haus gestattet ist.

Nun begreifen wir 2_1.**) Man weilt mit Früchten auf dem Markte (, noch nicht im Hause), da darf man Unverzehntetes verschenken und es darf sofort (als אכילת עראי) gegessen, muß jedoch, wenn nachhause gebracht, verzehntet werden. Sagt der Besitzer der Früchte: Genießt es im Hause! so hat er damit die geschehene Verzehntung schon angedeutet und es muß im Hause wenigstens als Demai verzehntet werden. (Der Verkäufer hat eben keine Käufer gefunden, weshalb nach seiner Bedingung die Erschwerung $1_5 \beta$ fortfällt).

---

*) Diese uns mit vieler Zähigkeit bestrittene Wahrnehmung, daß vom Forscher Vereintes getrennt und Getrenntes vereint werden muß, um die größten Rätsel zu lösen, eine Wahrnehmung, die einen Teil unseres „die Mischna; Aufbau und Quellenscheidung" ausmacht, wie den Inhalt eines Teiles unserer weiter geplanten, z. T. handschriftlich ausgeführten Arbeiten, stellen wir selbstverständlich gern zur Erörterung. Unsere weiteren Ausführungen werden noch andere Nachweise für diese Behauptungen bringen.

**) Den gleichen Zusammenhang stellt Schwarz, Tossifta etc. z. St. her.

2_2 sitzen die Beschenkten im Tore oder Laden; auch da ist ihnen (mit Ausnahme des Hausinhabers, bei dem sich das ראי' פני הבית erfüllt) der kleine Imbiß gestattet. Nun schließt sich 2_3 gut an beides an: Bei denen, die mit Früchten reisen, gilt das Ziel ihrer Reise, und bei reisenden Fruchthändlern die erste Herberge als Haus, das die Maaßerpflicht hervorruft.

Auch 2_4 wird dadurch begreiflich, daß man das Verbot von אכילת עראי als Zeichen der Maaßerpflicht und als Mittelpunkt dieser Halakhot ansieht! Das Abheben der Therumah vor der 1_5ff angegebenen Vollreife bringt ein solches Verbot nicht hervor. (So hat diese Mischna, die in Thorumoth vereinzelt gestanden hätte, hier ihre Einreihung gefunden. S. übrigens die Quellenscheidung weiterhin).

Wenn wir begreifen wollen, daß nun $2_{5,6}$ Satzungen des Kaufes folgen (stets mit Beziehung auf die Maaßerpflicht und auf אכילת עראי), muß festgestellt werden, daß auch das durch Geschenk in meinen Besitz Uebergegangene ($2_{1,2}$) eine rechtliche Aneignung ist, wie der Kauf, und daß wir hier (s. später) damit zu tun haben, ob מתנה כמכר, Schenkung dem Verkauf gleicht oder nicht. Daß aber Kauf sofort die Maaßerpflicht herbeiführt, haben wir 1_5 gehört; so sind $2_{5\cdot 6}$ gut vorbereitet.

Lautet die Kaufbedingung auf bereits geschüttelte Früchte, so muß die Rücksicht auf Maaßeroth sofort innegehalten werden; wenn sie noch am Baume hängen ist dies nicht der Fall.

Daß wir nun Arbeitersatzungen begegnen, darf uns nicht in Verwunderung setzen. Die Bedingungen, durch welche sie die Verpflegung ausmachen, sind, wie Schenkung und Kauf, Formen der Aneignung und können, wie diese, die Maaßerpflicht bedingen.

Der Arbeiter selbst (2_7) darf vertragsgemäß (so gibt es die Mischna jedenfalls an, s. später) von den Fruchtarten, die er bearbeitet, während der Arbeit essen, ohne zu verzehnten, (nicht aber seine

Familie mit ihm), doch (2_8) nicht von anderen Früchten, als die er bearbeitet. Tauschen zwei Arbeiter diese Früchte aus, so ist das dem Kaufe gleich, und sie müssen verzehnten.

§ 6. 3_1 bringt man Feigen zum Trocknen in den Hof; so werden sie, da an ihnen noch etwas geschehen muß, nicht als vollreif, und trotzdem sie durch den Hof geführt werden, nicht als maaßerpflichtig betrachtet; die Hausgenossen genießen davon ohne Verzehntung (der Hausherr nur am Orte, wo sie getrocknet werden).

Dieser Satz ist auch äußerlich $2_{1,2}$ ähnlich; hier wie dort (2_2) ist der Eigentümer von der Erlaubnis der אכיל׳ עראי im Hofe oder Laden ausgenommen. Der Satz ist hierher geschoben, um eine Fortsetzung für die Arbeitersätze zu ermöglichen.

Die Arbeiter dürfen von den Feigen ohne ausdrückliche Abmachung sofort essen; haben sie aber die Verpflegung ausgemacht, so ist das gleich Kauf, und sie müssen vorher verzehnten. 3_2 besagt, daß auf dem Felde die Bedingungen die gleichen sind, doch darf der Genuß selbst bei geschehenem Vertrage als אכילת עראי vor sich gehen. So auch (3_3), wenn man bei der Arbeit in Oelbeeren deren Genuß ausgemacht hat. Also ist ihnen 2_7 und 3_1 אכילת קבע gestattet, ebenso $3_2\alpha$; $3_2\beta$ und $_3$ dagegen nur אכילת עראי. Um die Dazwischenschiebung von $3_1\alpha$ und die Verschiedenheit der hier gültigen Grundsätze zu begreifen, blicke man auf die Regel $2_7\beta$ hin: „Wer nach dem Rechte der Thora genießt (als Arbeiter), der ist (von Verzehntung) frei; wer nicht, muß verzehnten."

Die Erklärung darüber finden wir weitab gelegen B M 7_2: „Und Folgende genießen nach der Thorasatzung: Wer zur Reifezeit noch stehende oder außer dieser Zeit schon geschnittene Früchte bearbeitet, und zwar, was man גידולין מן הארץ (s. 1_1 oben) nennt". Nun ists klar: 2_7 sind die Dörrfeigen geschüttelt, gelten aber doch nicht als arbeitsvollendet; da genießt man von derselben Fruchtart, in der man arbeitet, ohne Verzehntung. Und zwar (Maaß. 2_7) nur während der Arbeit, nicht nachher. (B. M. 7_4 gestattet jedoch der Versäumnis wegen den maaßerfreien Genuß, während man von Arbeit zu Arbeit geht.) Da das Hindurchführen durch den Hof (Maaß. 3_1) nicht die nach B. M. thoramäßig zum Genuß berechtigende Arbeit ist, so dürfen sie nur ohne Vertrag genießen, denn Geschenk ist nicht gleich Kauf. Da die Feldarbeit $3_{2,3}$ hinter 3_1 steht, so ist hier nicht von der berechtigenden Arbeit des Sammelns die Rede, sondern vom Roden oder einer anderen jener Regel von B. M. nicht unterliegenden Tätigkeit.

Betrachte man die beiden Stellen Maaß. 2_7–3_3 und B. M. 7_1 ff.:

השיכר את הפועל mit Bedingungen der Verpflegung Maaß. 2_7, 8_3 = B. M. 7_1. Verhältnis der Familie zum Verpflegungsrecht und zu den Arbeitsbedingungen Maaß. 2_7 = B. M. 7_6. האוכל מן התורה Maaß. 2_7 wird erklärt B. M. 7_2 ואלו אוכלין מן התור׳, und von den hier gegebenen Bedingungen hängt, wie wir gesehen, die ganze Poalimreihe von Maaßeroth bis auf die Eigentümlichkeiten der Aneinanderreihung ab.

Die Bestimmung בשעת הקציעה אוכל ופטור כו׳ Maaß. 2_7 wird ergänzt B. M. 7_4. Und nun vergleiche man

B. M. 7_4	Maaß. 2_8
היה עושה בתאנים	היה עושה בלבסים
לא יאכל בענבים	לא יאכלבבנות שבע
בענבים	בבנותשבע
לא יאכל בתאנים	לא יאכל בלבסים
אבל מונע את עצמו	אבל מונע הוא את עצמו
עד שמגיע למקום	עד שמגיע למקום
היפות ואוכל	היפות ואוכל

Ist das Zufall? Die Maaßerothreihe bedarf der Reihe in B. M zu ihrer Erklärung und Ergänzung. Im Gegenstande, in den Einzelheiten, in der Ausdrucksweise sind sie einander ähnlich. Aus B. M. 7_2 scheint die ganze Maaßerothreihe emporgewachsen zu sein, 7_4a in B. M. und 2_8a in Maaß. sind bis auf kleine Unterschiede dieselbe Mischna. Versuche man's, nach diesen Andeutungen beide ineinanderzuschieben, und es entsteht das schönste Ganze daraus. Ich wiederhole, damit es kein anderer sagt, daß unsere Folgerung kühn erscheinen mag, wenn man in der Mischna Entfernungen mißt, ohne zu fragen, was einander geistig nahe steht. Wie in unserem „Die Mischna; Aufbau und

„Quellenscheidung“ S. 3—6, 29—31, 56—57, 77—79, 107—108, 114—116, 139—142, so sagen wir auch hier: Solche Stellen bildeten, wie der Seder Mikra beweist, ein Ganzes, und sie lassen uns mit Sicherheit die alten Aneinanderreihungen erkennen. Sie sind vom Ordner auseinandergezogen, indem die allgemeinen Grundsätze des Arbeiterrechts überhaupt nach B. M. gehören, während die für Maaßeroth passenden Halakhot hierhergekommen sind, wo sie den kleinen Traktat nicht belasten. Der Ordner hat nicht vergessen, die Spuren der Gemeinsamkeit festzuhalten, als wollte er sagen: vergleiche B. M. 7_1!

Da aber weitere Zweifel niemandem verboten sind, so muß uns, wie in früheren Fällen, wieder die Schrift helfen und deren Deutung, der halachische Midrasch. Und der hilft auch.

Ziehe man Jer. 2_7, Babli B. M 87_b und den bezüglichen Jer. hinzu (also setzte der Talmud die Gemeinsamkeit, wie wir schon daraus sehen, voraus) oder lieber die zugrunde liegende Stelle Sifri II 266—267 zu Deut. 23_{25-26}: Wenn du kommst in den Weinberg deines Nächsten, vielleicht immer? Darum heißt es: In dein Gefäß lege nichts, wenn du (Früchte) legst in die Gefäße des Hausherrn (also ist die in obigen beiden Mischnareihen hervorgehobene Arbeit des Auflesens gemeint) . . . Trauben und nicht Feigen, daher sagten sie B. M. 7_4 = Maaß. 2_8 . . . Wenn du an das stehende Getreide deines Nächsten herankommst; vielleicht immer? Darum heißt es: Doch die Sichel schwinge nicht (also) wenn du die Sichel schwingst über das Getreide des Eigentümers“ (gemäß der Bedingung Maaß 2_7 = B. M. 7_2.)

Hier erkennt jeder die Voraussetzungen und Bedingungen der beiden Halachareihen bezüglich des Reifezeitpunkts, der Sammel- oder Erntearbeit, selbst (in כנפשך כו׳) der אביל׳ קבע, wie Sifri II 287 (man vergl. B. M. 7_3) als Ergänzung herzuziehen ist. Da nun die midraschische Ordnung nach allen Ansichten die ältere ist, so konnten diese beiden Reihen in Maaß. und B. M. ja unmöglich anders als ursprünglich zusammen behandelt werden. So beweist die äußere Form, wie der Geist, daß die beiden Reihen, wie alles, was wir früher in ähnlichem Sinne behandelt haben, ursprüngliche Ganze waren — eben das, was zu beweisen war.*)

§ 7. Um nun zu begreifen, wie nach den Arbeitersatzungen 3_4 mit einem Mal die Satzung des Fundes uns begegnet, vergesse man nicht, daß von 2_1 an

*) Wir sehen hierbei von späteren halachischen Erklärungen zunächst ab, um den ursprünglichen Zusammenhang zu wahren.

die verschiedenen Arten der Besitzesaneignung durch Geschenk, Kauf, Vertrag den Hintergrund der Halakhoth bildeten. Nun kommt der Fund dazu, der doch sicher einen קנין bildet.

In Mischna 3_4 geht eine Aneignung durch Fund vor sich, welche zum Maaßer nicht verpflichtet. Wenn man Früchte findet, auf die der Eigentümer keinen Wert legt, und wenn sie auch neben dem Felde oder Baume liegen, der ihm gehört und woher sie ersichtlich stammen, so gehören sie doch dem Finder und sind als Freigut (Peah 1_6 und öfter) maaßerfrei. Bei wertvollen Früchten ist dies alles nicht der Fall, ebenso bei schon verarbeiteten. Die gehören dem Eigentümer und sind maaßerpflichtig. Kann man einer Frucht nicht ansehen, ob sie schon verarbeitet ist (sie sieht nicht ganz so aus, aber trägt zum Teil die Zeichen davon an sich), so hängt es von dem Ortsbrauche ab. Wenn zumeist auf dem Felde dort die Verarbeitung vorgenommen wird, sind sie nicht Freigut und maaßerpflichtig; geschieht es im Hause, so sind sie maaßerpflichtig.

Blicken wir von hier aus auf die Sätze bis 2_1 zurück, so sind es die Oertlichkeiten ($2_{1, 2, 3}$, $3_{1, 2, 4}$), welche auf die Maaßerpflicht Einfluß haben, und außerdem die verschiedenen Arten der Aneignung (Geschenk $2_{1, 2}$, Kauf $2_{5, 6}$, Verpflegungsvertrag 2_7, 3_{1-3}, Tausch 2_8, Fund 3_4). (Die halachische Begründung bringen wir später.) Diese beiden vom Ordner vereinten Gesichtspunkte: Oertlichkeit und Aneignungsart sind später zum Zwecke der Quellenscheidung wohl auseinanderzuhalten.

3_4 führt, wie man besonders auch aus T $2_{17, 18}$ sehen kann, ebenso wie die vorausgehenden Poalimsätze unsere Blicke auf BM, und zwar auf 2_{1-4} hin. Ist doch BM der Traktat, der von der Besitzesaneignung und dem Streite darüber ausgeht, so daß sowohl dort wie hier bei der Notwendigkeit, den קנין zu behandeln, der Fund nicht fehlen durfte.

Alle diese Sätze kennzeichneten die Maaßerpflichtigkeit mit dem Verbote von אכילת עראי. Wir haben 3_1 den Weg durch den Hof gemacht, um Früchte zum Trocknen auf das Dach zu legen. Nun wird uns der Abschlußsatz der Fundhalacha 3_4 klar: So lange man die Früchte nicht auf das Dach gelegt hat, darf man dem Vieh unverzehntet davon zu fressen geben, „da man den unverzehrten Rest zu dem Fruchthaufen zurückschüttet" (es also אכילת עראי ist), was man nicht tun würde, wenn die Früchte schon oben aufgeschichtet wären.

Dieser Satz bildet auch den Uebergang zu den schon früher als zusammenhängend von uns erkannten Halachot 3_{5-10}. Sind die Früchte, die man zum Trocknen bestimmte, im Hofe auf dem Dache, so sind sie erst begrifflich im Hofe; nicht aber, so lange man sie zu diesem Zwecke durch den Hof befördert. So sind wir denn erst jetzt mit dem Ordner halachisch im Hofe angelangt, was wir ohne die stete Zugrundelegung der Begriffe אכילת עראי oder קבע aus der bloß äußeren Gestalt der Halachareihen unmöglich ersehen konnten.

§ 8. 3_{5-10} handeln von den Oertlichkeiten, welche אכילת עראי unmöglich machen. Es ist dies die Ausführung des in der Anfangsregel enthaltenen Begriffes נשמר, womit der 3_4 gegebene Begriff des Freiguts unmöglich ist (s. die Gemaras zu BM 1_4). Hierher deutete auch der Satz $1_4\beta$, durch den der Ordner rechtzeitig in kurzer Bemerkung den Eintritt in das Haus als maaßerbestimmend andeutet. (Man beachte nur den Unterschied zwischen dem Ausdrucke בית $1_4\beta$ und חָצֵר 3_5).

3_5 besagt, daß, wenn der Hof das Eigentum des Besitzers sicher birgt, wenn man sich darin nicht beengt, noch beobachtet fühlt, mit einem Worte, wenn der Hof die Eigentümlichkeiten des Hauses hat, er zum Zehnten verpflichtet; was sich (3_6) als selbständig vom Hofe abhebt, was nicht die Gestalt einer Wohnung hat und nicht jederzeit vor der Witterung birgt, wird nicht als Haus betrachtet.

Wie aber, wenn Früchte nicht eingebracht werden, wenn sie von Bäumen stammen, die im Hofe bereits stehen? Dann müssen dieselben Beschränkungen, wie oben $2_{5, 6}$ beim Genusse und Kaufe gewahrt werden ($3_{8, 9}$), denn nicht das Einbringen, sondern der Hof bringt die Maaßerpflicht hervor. Neigt der Wipfel des Baumes (3_{10}) aus dem Hof heraus, so geht es nach dem Wipfel, um die Maaßerpflichtigkeit des Baumes zu bestimmen. Beim Hinausragen über die Landesgrenze geht es nach dem Stamme; ebenso bei den mit Mauern umgebenen Städten, in deren Bereich Grundstücke nur im Jahre nach dem Verkaufe ausgelöst werden können und dann dem Käufer verfallen (Lev. 25_{29}, Erakhin 9_{5} ff); wogegen bei der Zufluchtsstätte (Num. 35_{9} und öfter, Makkoth 2) und bei der Frage, ob man zum Genusse des zweiten Zehnt sich in Jerusalem befindet, man sich nach dem Wipfel richtet.

Hier haben wir sicher einen Schluß vor uns; wozu sonst dieser Hinweis nach verschiedenen, unserem Traktat fremden Gebieten, wovon das letzte der zweite Zehnt, der Gegenstand des auf Maaßeroth folgenden Traktats ist? Vergleiche ähnliche, mehrere Gebiete streifende Mischnas Ende MS, Challah und Orlah.

Auf M S muß aber diese Reihe von den zu Maaßeroth verpflichtenden Oertlichkeiten hinweisen. R. Jannai (Jer.)*) leitet den Umstand, daß Haus und Hof אכילת עראי unmöglich macht, von dem Satze Deut. 26_{3} her בערתי הקדש מןהבית; so sagt man in der (Ende M S behandelten) Maaßerformel; R. Jochanan aus 26_{12} ואכלו בשעריך ושבעו. Diese Stellen sind aber die Ausführung von Deut. $14_{28, 29}$, wo sich והנחת בשעריך bezüglich des Armenzehnts und dann ואכלו ושבעו bezüglich der Empfänger desselben findet. Es ist die Anschauung der Schrift, wonach der Zehnt dem Tore (also dem Hofe) und dem Hause angehört, diesen Halachot zugrunde gelegt. Armenzehnt und zweiter Zehnt schließen einander aus, letzterer fällt im dritten und sechsten Jahre nach dem Schemittah fort. Deut. 14 sind M S und Armenzehnt zusammen behandelt.

Der Ausgangspunkt für unseren Traktat ist nicht die Stelle Num. 18_{21} ff, sondern Deut. 14_{22}, wo wesentlich vom zweiten Zehnt gesprochen wird; auch aus diesem Grunde stehen Maaßeroth und M S neben einander.

---

*) Vgl. Babli B M 88 a!

Wir können sogar vermuten, daß mit Ende 3 der alte Traktat Maaßeroth schloß; die ältere Mischna, deren Spuren wir hier entdecken, erklärte, wie uns Midrasch und Amoräer zeigen*), den ersten Satz von עשר תעשר in Maaßeroth, den übrigen Abschnitt in M S.

Die Satzungen vom Hofe 3_5 etc. sind die Voraussetzungen für 2_1—3_5, wie der erste Abschnitt es ist für den ganzen Traktat. Wir erklären 1 und 3_5 etc. für den Urtraktat; alles andere ist jüngere Ausgestaltung. Die Verwandtschaft dieser drei Teile zeigen die einleitenden Fragen:

1_2 מאימתי הפירות חייבות במעשרות

1_5 איזהו גרנן למעשרות

3_5 איזוהי חצר שהיא חייבת במעשרות

die gerade vor den bezeichneten drei Stellen stehen, während sonst sich keine ähnlichen Fragen im Traktat finden. (Ueber das Alter von מאימתי siehe unser „die Mischna; Aufbau und Quellenscheidung" S. 11, 3 ff).

Ja, es ist möglich, daß Maaßeroth und M S einst einen einzigen Traktat gebildet haben, wie Schwarz bei der Traktatenzählung in der Einleitung zur Tosifta Seraim auch angibt, und daß als Fortsetzung hinter Ende Maaßeroth 3 sofort die M S-Satzungen folgten.

Sollte man das als unberechtigte Bergeversetzung ansehen? Sollte man verlangen, daß ich zum Beweise für solche Vermutungen in M S wenigstens die Fortsetzung dieser Satzungen aufweisen möchte? Wie nun, wenn diese Fortsetzung nicht zu finden wäre? Wäre meine Vermutung dann hinfällig? Das Schlußwort von Maaßeroth 3

ובירושלים הכל הולך אחר הנוף

macht ja weitere Halakhot dieser Art in **M S** entbehrlich. Und nun sollte wirklich in **M S** von mir ein Baum entdeckt werden, der, wie Maaßeroth 3_{10}, mit dem Wipfel nach einer anderen Stelle neigt, als die ist, wo der Stamm sich befindet? Dann erst würde man mir Glauben schenken?

Doch siehe da! Der Baum ist wirklich da! M S 3_7 heißt es tatsächlich אילן שהוא עומד בפנים ונוטה לחוץ או עומד בחוץ ונוטה לפנים כו׳. Auf diese Stelle weist also Maaßeroth 3_{10} hin, als wenn der Ordner sagen wollte: Fortsetzung siehe Maaßer scheni! Was hier einst vereint gewesen und nun getrennt worden ist, suche dort!**)

---

*) Siehe den Anfang dieser Abhandlung.

**) Nochmals stelle ich diese letzteren Ergebnisse zur Erörterung, da gerade sie bisher die streitigsten sind. Allerdings darf ich sie gerade darum für weiterhin als mein Eigentum betrachten.

5_7 spricht von der an Ameisenhaufen sich knüpfenden Maaßerpflicht, wenn solche neben dem maaßerpflichtigen Getreidehaufen sich finden, da (vgl. 3_4) die Ameisen von diesem ihren Haufen gesammelt haben. Am Schlusse stehen die חסיות, soweit sie maaßerfrei sind und die von uns schon berührten זרעוני גנה, gleichfalls, wie 5_3, mit dem Hinweis auf שביעית.

4_5 β und 5_8 haben wir oben zur Anfangsreihe gezogen. Soweit עונת המעשר' hier vorkommt oder גרנן למעשר' oder נגמרה מלאכתן, müssen wir ebenfalls den Einfluß und die Nähe der Anfangsreihe vermuten, da dort diese Begriffe behandelt werden. Die Verkaufssätze 5_1 β $_3$ $(_4)$ $_5$, der Satz von den Ameisenlöchern 5_7 enthalten solche Begriffe. Als vom Kauf handelnde Sätze gehören sie außerdem eigentlich in die Reihe $2_{5, 6}$, wohin auch die Poalimhalakha 5_5 β deutet. Wie mit den Pflanzenaufzählungen Ende 4 und 5, so muß auch mit diesen Mischnas eine Versetzung vom Anfange nach dem Ende hin stattgefunden haben. Man setzte die פטורין ans Ende. Da kamen auch die damit verbundenen Halakhot dort hin.

Die Regel am Anfang scheint es bewirkt zu haben, daß man in dieser Weise die darunter nicht zu fassenden Pflanzen von der Aufzählung am Anfang getrennt hat. In der Quellenscheidung werden wir noch genaueres darüber hören.

§ 9. a) Daß man mit ihnen im fünften Abschnitte noch weitere Halakhot an den Schluß setzte, kann nur darin seinen Grund haben, daß der Ordner, wie wir es in unseren Fragen am Anfang zum Teil zu finden glaubten, wie in Berakhot, Peah, Schebiith und auch Therumoth möglichst der äußeren Ordnung der Jahresarbeiten sich anschloß. Da die Frage, wie weit אכילת עראי erlaubt ist, an auf einander folgenden Tätigkeiten hängt, so war diese Ordnung, soweit sie sich innehalten ließ, von selbst geboten: 1_2 beginnt die Reife der Früchte, 1_5 ff vollendet sie sich. 2_{1-3} bewegt man sich mit den Früchten dem Bestimmungsorte zu, 2_4 wird die Therumah abgehoben, 2_{5-6} kommt gelegentlicher Kauf, auch auf dem Felde vor, 2_7 befinden sich die Arbeiter noch auf dem Felde, 3_1 gelangt man an den Hof, aber noch ohne unbedingte Maaßerpflicht, noch sind die Arbeiter zu abschließenden Tätigkeiten auf dem Felde, 3_4 mag es ein Arbeiter sein, der den Fund der Früchte macht, 3_5 β werden sie zum Trocknen auf das Dach gelegt, und der Hof hat seine maaßerverpflichtende Kraft, wie die Halakhot 3_{5-10} beweisen. 4^1 beginnt die Bereitung, Verwertung und der Genuß der Früchte, die Oelbeeren und Weintrauben befinden sich 4_{3-4} in Kelter und Presse, auch 4_5 können Gerste und Weizen, da noch ungedroschen, zuhause sein und trotzdem ist אכילת עראי gestattet. Daran schließen sich die Sämereien an, die erst nach der Ernte ihre Verwertung finden. $5_{1, 2}$ sind die Schößlinge בתוך שלו, also im Hofe; Verkauf der Früchte wird neben dem der Reste behandelt ($5_{3, 4}$), die Früchte sind also bereits verarbeitet; man kauft Felder und mietet Arbeiter, (wohl zur Einheimsung des bereits gereiften Ertrages und zur Bearbeitung für das nächste Jahr), stellt (5_7) Trester an; die Ameisen (5_7) haben während der Ernte, dann an dem Getreidehaufen gearbeitet, und die wahrscheinlich späten Lauchpflanzen, die, wie לוף, überwintern, wie die Gartensämereien bilden wohl zeitlich den richtigen Schluß.

Dieses lebensvolle, für die Erkenntnis vorzeitlichen Bauernlebens wichtige Bild ergibt sich uns aber erst, wenn wir die Fragen von מקח und קנין, besonders aber von אכילת עראי halakhisch verfolgen. So stellt sich der Traktat, der uns zuerst so wirr und ungefüge erschien, als besonders weise geordnet dar.*)

b) Im großen und ganzen teilt T die Ordnung der Mischna, so daß deren erstem Abschnitte T 1_{1-11} entspricht, dem zweiten Abschnitte bis 3_4 ungefähr

*) Schwarz ist in der Einleitung zu T Maaßeroth nicht zu dieser Anschauung gekommen und hält den Traktat nicht für wohlgeordnet.

T 2_{1-16}, dem weiteren dritten Abschnitte T 2_{18-22}, dem vierten T 3_{1-6}, dem fünften T 3_{8-14}.

§ 10. Bis 4_1 hat die Oertlichkeit die Kette gebildet, Einzelheiten der Ordnung.
in welche als Einschlag die Bedingungen der Besitzergreifung sich einwoben. 4_1 ist es die Zubereitung der Speisen, 4_2 der Sabbat (s. Demai 4_{1-4} 7_{1-2} Ther. 8_3), wodurch das Verbot von אכילת עראי hervorgerufen wird; (auch zum Sabbat werden Zwecks des Genusses Dinge aufbewahrt) ebenso der Genuß von Dingen, deren Rest man nicht mehr zurückwirft (s. o. 3_4); auch wenn man aus dem Kelterraum etwas herausnimmt, wird es sofort maaßerpflichtig.

Gelegentlich dieser Sätze vom Genusse und der Verwertung der Früchte kommen wir zum Zerreiben von Gersten- oder dem Sengen von Weizenähren, aber der Gegenstand ist doch nur künstlich mit dem vorausgehenden in Verbindung gebracht, um unerwarteter Weise wieder zur Anknüpfung für etwas anderes zu dienen. Wie in der Aehre Korn und Spreu, so ist in der Pflanze, die nicht zum Genusse, sondern als Sämerei benutzt wird, oft nur der darin enthaltene Samen, nicht das Uebrige, maaßerpflichtig, worauf die verschiedenen Sämereipflanzen in ihrer Beziehung zur Maaßerpflicht, (ob alles darin, oder nur etwas davon, verzehntet werden muß) behandelt werden.

Wir haben oben gezeigt, daß diese Stelle (4_5 כבכר כו' $_6$) einst der Aufzählung am Anfang angehört hat. In der Regel 1_1 ist sie unter וכל שתחילתו אוכל וסופו אינו אוכל כגון המקיים ירק לזרע חייב בתחילתו ופטור בסופו angedeutet, allerdings nur in T_1; die Mischna hat die Angabe über המקיים ירק לזרע vorne unterdrückt, da die betr. Pflanzen dort nicht dahinter behandelt wurden und die Halakhoth 4_5 etc. sich vielfach im Gegensatze zu jener Regel befinden. Davon später. Dagegen hatte T sie (wie הסיאה T 1_4 = Mischna 3_9 β s. o. zeigt) einst zusammen (auch die Mischna), hat sich aber dann im ganzen nach der Ordnung der Mischna gerichtet.

Doch hat sie weniger die Spuren des einstigen Zusammenhangs verwischt.

An diese Satzungen schließen sich die ersten Mischnas des fünften Abschnittes schon **deshalb** gut an, weil, wie oben der Zweck der Pflanze nicht nur der **Genuß**, sondern die **Aussaat** ist (sie soll als Sämerei benutzt werden), so hier von einem Ausnehmen von Schößlingen nicht zum Zwecke des Genusses, sondern der **Umpflanzung** oder des **Geschenks** die Rede ist. Bei Schößlingen herrscht Maaßerfreiheit.

לקח במחובר לקרקע פטור wäre vielleicht durch 2_6 überflüssig; aber hier sind die Gegenstände im Hofe, also במקום חייוב, und da mußte das besonders ausgesprochen werden (doch s. Maim. und Simson).

Sind es Lauchpflanzen (5_2), so sind sie maaßerpflichtig מפני שהיא גרנן למעשרו׳, wie im ersichtlichen Anschluß an 1_5 begründet wird. Hier die Bemerkung, daß Zwiebeln, sobald sie Wurzel gefaßt haben, ohne gepflanzt zu sein, nicht als ausgesät gelten, bezüglich der Unreinheit, sondern als freiliegend, und nicht זרע זרוע אשר יזרע sind; ist auf sie eine Mauer gefallen, so gelten sie für gepflanzt*) (und dürfen am Sabbat nicht hervorgeholt werden). War oben ($2_{5,\ 6}$) vom gelegentlichen Verkauf während der Ernte **selbst** die Rede, so folgt $5_{3,\ 4}$ der Verkauf der Früchte im großen, „nachdem sie zur Zeit der Maaßerpflicht gelangt sind", und zwar wird der Verkauf an den Amhaarez verboten, wie im Schemittajahr sie dem Verächter des Schebiith nicht verkauft werden dürfen. Ebensowenig (5_4) Stroh und Oelbeerreste, um daraus Getränke anzustellen; hat man welche angestellt, sind sie maaßerpflichtig, doch therumahfrei; denn ist einmal Therumah von den Rohbeeren genommen, so gilt diese auch für die Reste (was bei dem Maaßer nicht der Fall ist, da ja ein Zehntel von allem, auch von den Resten,

---

*) und maaßerpflichtig.

thoragemäß genommen werden muß und diese bei der Verzehntung nicht berücksichtigt wurden).

5_5 kommt der Feldkauf in Suria, wobei die Maaßerpflicht, wie 5_3, von עונ' מעשרות abhängig ist ebenso das Recht, Arbeiter zu mieten.

War 5_4 vom Anstellen von Getränken aus Oliven- und Traubenschalen die Rede, so wird 5_6 die Halakha vom Trester begreiflich.

II.

Quellenscheidung.

Allgemeines. § 11. a) Wo wir uns um den Zusammenhang sehr bemühen mußten, wo er gemacht, erzwungen erscheint, sich nicht auf den ersten Blick ergibt, da ist es weder unsere Schuld, noch die des Ordners. Es liegt das an den Quellen, die er benutzen mußte. Wo er größere Stücke einfügen konnte, da liegt die Ordnung sofort am Tage. Wo aber Einzelsätze aus verschiedenen Quellen, vielleicht noch dazu mit Wahrung einer gewissen gegebenen Ordnung von ihm benutzt werden mußten, wo er von halakhischen, im Hintergrunde lauernden Grundsätzen sich leiten ließ, da muß das Gesetz der Aneinanderreihung mühsam gesucht werden. Der Grundsatz אגב ist stets nur ein Notbehelf — es müssen immer Gründe da sein, die ein Zusammenstellen des scheinbar nicht Zusammengehörigen notwendig machten, ältere Zusammenhänge, die bei der Erwähnung des einen Gegenstandes den andern R in den Sinn kommen ließen.

Am meisten war es im letzten Abschnitt der Fall, daß wir Gründe der Aneinanderreihung suchen mußten. Da verloren wir den halakhischen Faden und mußten die äußerliche Aufeinanderfolge zeitlicher Eindrücke als einziges Gesetz des Ordners festhalten, das sich denn auch auf den ganzen Traktat anwenden ließ. Im vierten Abschnitt ließ sich mit ziemlicher Klarheit Genuß und Verwertung als leitender Gesichtspunkt annehmen, bis er am Schlusse zum fünften Abschnitt überleitete. Wir vermuten in diesen beiden Abschnitten die jüngsten Bestandteile des Traktats, zumal wir den Schluß als vom Anfang hierherversetzt nachgewiesen haben,*) was wohl die letzte ordnende Bewegung Rabbi's**) gewesen.

b) Auch in Therumoth beginnen die beiden Schlußabschnitte mit der Verwertung der Therumah zu Speisen und sonstigen Zwecken, wie in Maaßeroth Maaß. 4_5, wie Ther. $10_{5,6}$ hören wir von der Maaßerpflichtigkeit nur eines Teils der Pflanze. Man vergleiche Maaß. 5_2 בצלים שהשרישו בעליה טהרו מלטמא und Ther. 9_7 שתילי תרומה שנטמאו שתלן טהרו מלטמא (diese Satzung leitet schon zu 10 über). An anderer Stelle haben wir diese Abschnitte von Ther. als die jüngsten nachgewiesen. So können wir aus gleichen Gründen dasselbe für die Schlußabschnitte von Maaßeroth vermuten. Vielleicht sind 2_1—3_4 etwas älter. Den Kern des Traktats bildet 1 (mit den ursprünglich damit verbundenen Schlußstellen 4 Ende 5 Schluß), wie 3_5 bis Ende des Abschnitts.

§ 12. a) Wem können wir die jüngeren Zusätze zu den älteren Teilen, wie die hauptsächlichen Versetzungen von Abschnitten zutrauen? Zur Beantwortung dieser Frage muß vor allem R.'s Anteil an der Ordnung von Maaßeroth festgestellt werden. R's Ordnerarbeit.

Wir finden R in T $2_{5, 10, 22}$, $3_5\beta$; jedesmal an Stellen, die für gewisse Teile des Traktats genau die Tätigkeit R.'s kennzeichnen.

T 2_5 sagt jemand zum andern: Gehe und sammle dir Feigen vom Baume ab, dann genießt man einen kleinen Imbiß und verzehntet: Gehe und fülle dir diesen Speisekorb,***) so tut man das Gleiche und verzehntet nur Demai. Bei wem gilt das? Beim Am haarez. Was aber den Chaber anbelangt (s. Demai $2_{2,3}$), so ißt man (von seinen Früchten sogar אכילת קבע) und braucht nicht zu verzehnten. Also R. SbG sagt: Das gilt vom Am

*) § 8, 9.

**) Weiterhin mit R. bezeichnet.

***) Er sagt damit, daß es verzehntet sei, da er es auch für den Speisekorb gibt, der zehntpflichtig ist.

haarez; was den Chaber anbelangt, darf man (von den Früchten) überhaupt nichts genießen, ehe man verzehntet; denn die Chaberim stehen nicht in dem Verdachte, ohne Zusammenhang mit dem Getreidehaufen zu verzehnten. Da sagte R.: „Meine Worte scheinen mir (richtiger) als die SbG's; besser ohne Zusammenhang verzehnten, als dem Am haarez unverzehntetes Getreide zu essen zu geben."

Verwandte Verhältnisse findet man (weshalb auch Schwarz הגיון ארי׳ קס״א diesen Satz nach T 2_1 schiebt) Mischna 2_1, wo im ersten Falle אכיל׳ עראי gestattet, beim Eintritt ins Haus Maaßer notwendig ist, im zweiten Falle deutet der Geber die geschehene Verzehntung an („Bringt es ins Haus!"), da er es auch fürs Haus gegeben; vielleicht hat er, der Am haarez, es wirklich vorher verzehntet, weshalb nur Demai, also Therumath Maaßer und MS abzusondern ist.

Es ergibt sich daraus, daß R bei der Anschiebung von 2_1 an das Ende des ersten Abschnittes tätig gewesen ist. 2_1 beginnen aber die jüngeren Teile, die durch $1_5\beta$ angedeutet sind: בר״א במוליך לשוק etc.; haben wir doch von letzterem Satze den ganzen Bau von 2_1—3_5 hergeleitet. (Ebenso Schwarz ib. 320 unten.) T stellt den entsprechenden Satz geradezu vor die Mischna 2_1 entsprechende Baraitha: (T 2_4) „Wer seine Weinernte für den Markt bestimmt, ebenso so Oelbeeren (mit der Bedingung, daß, wenn er keinen Markt findet, er sie zur Verarbeitung in die Kelter oder Oelpresse zurückbringen darf, der darf in diesem Falle, wenn er keinen Markt gefunden (also keine Käufer), davon noch אכילת עראי nehmen." Die Mischna scheint diese Bedingung des Eigentümers nicht vorauszusetzen, indem sie לשוק den kleinen Imbiß unbedingt verbietet. Wie ist dieser Satz, der zu Mischna 2_1 gehörte, aus einer so schönen Ordnung gerissen worden und nach 1_5 gelangt? Jedenfalls durch dieselbe Hand, die 2_1 (statt der früheren החמרין Mischna $2_3 = T\,2_1$) an den Anfang des Abschnitts gerückt hat.

T hat nämlich nur die Bestimmung für den Markt, nicht aber fürs Haus, wie 1_5. Früher standen 1 und 3_5 als alte Stücke nebeneinander. Als 2_1—3_4 dazwischengeschoben wurden, wurde eine Andeutung über ראוי' פני הבי' notwendig, um diese jüngeren Teile, ehe man an 3_5 kam, verständlich zu machen. Da rückte die T 2_4 entsprechende Satzung nach 1_5 und erhielt die Beziehung auf ראיית פני הבית; nun erfüllte sie einen höheren Zweck; sie gab für 1_2—$_4$ die Erlaubnis, für 1_5 ff. das Verbot von אכילת עראי an und zugleich den Unterschied zwischen מוליך לשוק und מוליך לבית, wodurch die Satzungen 3_5 etc. schon angedeutet wurden. Nun mußte R aber den מוליך לשוק 2_1 an die Spitze von 2 rücken, um 2_3 und $2_4\beta$ ראוי' פני הבית herankommen zu lassen.

b) Wir haben gesehen, daß ראיית פני הבית in maaßerpflichtiger Weise erst nach $3_4\beta$ mit 3_5 heranrückt, daß also hier der mit 2_1 anfangende, $1_5\beta$ angedeutete Teil schließt. „Ehe man die Johannisbrotfrucht auf das Dach legt, darf man von dort dem Vieh davon heruntergeben, weil man den Rest zurückschüttet." Trotzdem man, wie 3_1 besagt, sich im Hofe bereits befindet. 3_1 und $_4\beta$ gehören ursprünglich zusammen, sind (nach oben angegebenen Gründen) durch die Arbeitersätze, wozu (s. später) auch $_4$a gehört, von einander getrennt worden.

Diese ursprüngliche Einheit beweist T 2_{10}, in welchem Kreise man auch, wie 3_1, den Hof unter nicht maaßerpflichtigen Umständen betritt. Da bringt man Feigen vom Felde, um sie auf dem Dache zu essen (s. Schwarz קסג Bem. 9), aus Versehen bringt man sie in den Hof des Andern*) — da darf man nicht vor der Verzehntung davon genießen; Jose bar Jd sagt: Man bringt sie auf das Dach und ißt davon. Jedenfalls hat Jose bar Jd entschieden, daß man, wenn irrtümlich der Hof des Andern*) auch betreten worden ist, das nicht ראיית פני הבית nennt,

*) s. später die richtige Lesart.

während der vorausgehende Tannaïte das **doch** betont. Auch **hier** kommen die Poalimsätze, wie in der Mischna, dazwischen, und wir haben wieder das Dach T 2_{19} vor den Satzungen des Hofes, wie in der Mischna $3_4\beta$.

Der Ausdruck der Mischna $3_4,\beta$ ist dem von T 2_{10} ähnlich, so daß wir (ebenso wie Schwarz כסנ s. Bem. יד hier einen Satz von der Trockenstelle einschiebt) in Mischna $3_4\beta$ die Fortsetzung von T 2_{10} sehen können. Der Genosse Jose bar Judas ist jedenfalls R.*) Er hat an diesem Halakhot gearbeitet, aber bei der Anfügung an 3_5, also bei der Einreihung dieser Satzungen in die Mischna, hat er die T-sätze, welche so weitgehende Erleichterungen hervorrufen könnten, wie T 2_{10}, unterdrückt und $3_4\beta$ einen Genuß von dem geordneten Trockenhaufen auf dem Dache unmöglich gemacht.

So haben wir R 2_1, so haben wir ihn $3_4\beta$, am Anfang und am Ende der von uns als jünger gehaltenen Halakhareihen gefunden!

c) Und merkwürdigerweise finden wir R an der Schlußstelle von 3, in der wir wegen des Streifens verschiedener Gebiete und des Anschlusses an MS das Ende des alten Maaßerothtraktats gesehen haben.**) Es heißt T 2_{22}: „Steht ein Feigenbaum im Garten und neigt sich ins Fenster hinein, dann sammelt man, wie man will, davon ab und ist maaßerfrei; doch legt man das Gesammelte auf den Tisch, und wäre es nur **eine** Feige, so ist man maaßerpflichtig. Steht ein Baum zum Teil in Palästina, zum Teil außerhalb, so ist es, als gehöre er **ganz** zum heiligen Lande, also R; SbG sagt: Was auf dem Boden des Landes steht, ist dem Lande, was auf dem Boden des **Auslands** steht, dem Auslande gleich.“ Beide halten jedenfalls den **Stamm** für maßgebend, wenn auch der Wipfel hinausragt, denn נטוע בארץ bezieht sich auf den

*) Jer. bestätigt dies.
**) § 8.

Stamm. So entscheidet auch die Mischna 3_{10} הכל הולך אחר העיקר. T setzt dies voraus und nimmt den Fall an, daß der Stamm geradezu auf der Grenze steht und durch diese in zwei Teile geschieden wird. Selbstverständlich muß die Halakha sich nach R richten, so daß der Stamm als in Palästina stehend betrachtet wird.

So stellt sich's weiter heraus, daß R. an dieser Schlußstelle tätig gewesen ist, daß man ihm also die Anfügung von 4 und 5 zu verdanken haben wird.

d) Dafür zeugt auch T 3_5 β: Bringt man Aehren ins Haus. um daraus Teig zu machen, so ist man maaßerfrei; um sie auszublasen (und dabei die Körner, sie von Hand zu Hand werfend, von Spreu frei zu machen), so ist man nach R maaßerfrei, während Jose bar Id zum Maaßer verpflichtet. Darauf T 3_6: „Wer Aehren entkörnt, von Gerste, ist er bei zweien frei, bei dreien verpflichtet; von Weizen, ist er bei dreien frei, bei vieren verpflichtet." Diese Sätze gehören zu Mischna 4_5; und wie wir oben*) gesehen, schließt diese das Entkörnen der Aehren an die Satzungen vom Genusse an, um in ihrem Gefolge die eigentlich nach 1 gehörigen Sämereikräuter an das frühere und an diese den Schlußabschnitt anzuschließen. So ist auch bei dieser Anfügung R beteiligt.

Es bestätigt sich also, daß R 2_1—3_4 zwischen die alten Teile 1 und 3_5—$_{10}$ gestellt, daß er wahrscheinlich, 4_1—$_4$ mit angefügt hat, da es sich nachweisen ließ, daß er auch die Anreihung von 4_5—5_8 bewirkt hat.

e) In der Mischna steht R nur 5_5. α befreit, wenn man den Ertrag eines Krautfeldes in Suria von einem Heiden gekauft hat und die Reife bereits vor dem Verkaufe eingetreten ist, vom Maaßer; SbG selbst wenn die Früchte **nach** dem Verkaufe gereift sind, wofern man nicht den Acker mitgekauft hat.

*) § 10.

R richtet sich nach *α* und verlangt noch die Verzehntung des im Besitze des Käufers Zugewachsenen.

Jer. führt SbG's Ansicht auf Challah 4_7 zurück, wo G diejenigen, die vom Heiden in Suria pachten, gegen E's Ansicht vom Zehnten befreit. Auch Demai 6_{11}, was wir als zu Jose, demnach der gleichen Quelle N, gehörig nachgewiesen haben, wird der Grundbesitz als in Suria zum Maaßer verpflichtend vorausgesetzt. (Vergl. auch T Demai 6_1 bei SbG den Einfluß des nichtjüdischen Mitbesitzers.)

f) (Bemerkungen, die R zuzuschreiben sind:

1_2 וכל האדומים כו'
1_3 וכל השחורים כו'
וכל הלבנים כו'
2_3 וכן בחזרה
2_6 מפני שקנה כו'
3_4 וכן תאנה כו'
שידוע כו' הגמור
3_9 וכן ברמין
וכן באבטיח
4_1 מפני שהוא כו'
5_4 שהתורם בלבו כו'
$_7$ שידוע כו' הלילה)

SbG. § 13. Von wo geht nun diese Mischna 5_5 aus?

a) Wie wir bei Untersuchung des Aufbaues gezeigt, schließt sich diese Halakha an $5_{3,4}$ an, wo der Verkauf von maaßerpflichtigen Früchten an denjenigen verboten wird, der im Verdacht steht, Zehnten und Schebiith nicht zu achten. Sind erst einzelne Früchte reif, so nimmt man diese ab und verkauft die übrigen. Dem des Nichtverzehntens Verdächtigen verkaufe man kein Stroh, keine Olivenschalen und keine Weintraubenschalen. Hat man sie verkauft und der Am haarez Trester daraus gezogen, so verzehnte er, doch hebe nicht die Therumah ab. (S. o. z. St.)

T 3_{13} ist es wieder*) SbG, der diese Mischnas in einer später noch zu behandelnden Weise bestimmt, so daß 5_{3-5} von ihm in diesem Zusammenhang vorgefunden worden oder von ihm in denselben gebracht worden sind. Auch Demai 6_6

*) wie oben 5_5.

haben wir der verwandten Quelle Jose zugeschrieben (s. unser „Die Mischna etc.“ Demai S. 65), woran auch SbG's Ausdruck מודים mahnt. (S. Einl. zu erster Hälfte „Jose“.)

b) Wie wir außerdem beim Aufbau nachgewiesen, beginnt der Schlußteil, den R durch $4_5\alpha$ mit dem Vorausgehenden verbunden, mit $4_5\beta_6$. Wir fanden hier eine Aufzählung von Pflanzen, wozu entschieden der Schluß des Traktats 5_8 zu gehören schien. Nun, 4_6 finden wir ebenso SbG, wie er nach T 3_{14} den Schluß des Traktats bestimmt. Ja, noch mehr, wir fanden 3_9 eine solche Aufzählung, die, trotzdem sie recht gut zu den Halakhot des Hofes gehört, durch T $1_{4,5}$ den Beweis liefert, daß alle Pflanzenaufzählungen, wie uns auch oben Midrasch und Gemaroth bestätigten, einst vereinigt gewesen sind. Merkwürdig genug, daß mit jener Halakha T 1_5 wieder SbG mit einem לא נחלקו verbunden ist, welcher Ausdruck dem מודים von T 3_{13} als verwandt angesehen werden kann.

So müssen wir annehmen, daß SbG der Trennung der Stücke $3_9\beta$ $4_5\beta_6$ 5_8 vom ersten Abschnitte nicht fernsteht.

c) Wie 4_{3-5} dem Demaigegenstande nahesteht, so daß wir eine Beziehung derselben zum Demaitraktat annehmen müssen, so ist es auch bei Mischna 2_1 der Fall, welche, wie wir gesehen, T 2_5 von R und SbG auch in ihrer Beziehung zu Demai behandelt worden ist. Auch diese waren (s. o.) einst vereint.

d) Daß die Ausgestaltung des Arbeitergesetzes von SbG ausgegangen, haben wir in „die Mischna etc.“ 1. Hälfte S. 13, 65, auch in der Vorrede S. XVII gezeigt. So können wir vermutungsweise die Arbeitersätze $2_{7,8}$ $3_1\beta$—$_3(_4)$ zu der Quelle N*) ziehen, zumal in den damit zusammenhängenden Sätzen von BM 7 gleich am Anfange SbG nach seiner Art durch den Ortsbrauch jede Sonderbedingung unwirksam macht, also auch dort gearbeitet hat.

*) Ich nenne so die von Jose mit behandelte Nassimischna G's und SbG's. 5_1 später den Nachweis für Jose N's Behandlung der Arbeitersätze § 17 Anfang.

e) Wir haben ihn oben mit R den Anfang des zweiten Abschnitts bestimmen sehen; und da wir oben die mit 2_1 beginnende Reihe zugleich als Ansatz zu 1 R zugeschrieben, zugleich von einer Versetzung hierhergehöriger Halakoth nach 5 den Nachweis ge hrt haben, so kommen wir zu dem allgemeinen satze, daß mit SbG die Ordnung des Traktats, wie wir sehen werden, nach Simons Vorarbeiten, begonnen und durch R., soweit sich nicht spätere Bestandteile finden, zu Ende geführt worden ist.

Es entspricht ganz der Stellung dieser Männer, daß wir von ihnen keine neuen Anregungen erhalten, sondern daß sie vorhandene Halakhot nur mit ihren Folgerungen versehen und daß sie den ganzen Traktat beherrschen.

Simon. § 14. Wenn wir an Tannaïten aus der Schule Akiba's denken, deren Arbeiten SbG und R benutzt haben können, so kommt uns nach der bisherigen Erfahrung (s. besonders „die Mischna“ etc. erste Hälfte, Schebiith) zuerst Simon in denSinn.

a) Mischna 1_4 lautet: ר"ש פוטר את האתרוגים בקוטנן T_1 β: נהוראי בן שונאי אומר משום ר"ש תפוחים קטנים פטורים תפוחי מי נמלה חייבין und bald darauf T_2 ר"ש *)פוטר את המלפפונות בקוטנם משיקדיחו, worauf 1_3 die שקדים המרי' und die מתוקין folgen, deren erste als קטנים für maaßerpflichtig, als גדולים für maaßerfrei gelten, bis die äußere Schale abgeht. Letztere Bestimmung geht, von Ismael bar Jose überliefert, auf den mit Simon (s. „die Mischna“, erste Hälfte Schebiith) oft zusammen arbeitenden Jose zurück; die Satzung selbst kann aber sehr wohl (ohne die Schlußbestimmung) Simon angehören. In jedem Falle haben beide, und vorzugsweise Simon, die Bestimmungen über קטנים und גדולים behandelt.

*) Wir haben keine Veranlassung, Simon hier in Ismael zu verwandeln.

Simon's Zeichen אמרו findet sich bei einer Satzung Juda's in der Nähe: באיזה קליפ' אמרו (s. „die Mischna" etc. 1 Hälfte S. 43).

Nun finden wir in dem כלל am Anfange des Traktats auch חייב קטן וגדול bei den sofort beim Emporwachsen eßbaren Dingen. Sollte nicht diese Stelle auch Simon angehören? Hier haben wir ja אמרו zweimal, sein unverkennbares Zeichen; ja, es ist כלל אמרו und dann ועוד כלל אחר כו'. Haben wir nicht (s. „die Mischna" etc. 1. Hälfte, S. 43 und 129) den כלל stets Simon zugeschrieben und scheint sich das hier nicht der äußeren Gestaltung nach zu bestätigen? (s. auch $2_7\beta$.) Dazu schließt Therumoth noch mit einem Worte Simons, und das scheint unserer Annahme gewiß nicht zu widersprechen, daß Maaß 1_1 Simon sei, da er dann zugleich von Traktat zu Traktat überleitet! So haben wir hier das Zeichen der Aufeinanderfolge der Traktate Therumoth-Maaßeroth. Auch die Schiurim der Maaßerpflichtigkeit, welche die Aufzählung der Pflanzen enthalten, scheint Simon mit Jose zu teilen, wie wiederum Ismael bar Jose überliefert: Er bestimmt, daß wenn auch nur ein kleiner Teil der Rebe die Zeichen der Reife trägt, das Ganze maaßerpflichtig sei T 1_1.

b) Wie am Anfang des Traktats, so glauben wir Simons Spur auch am Ende desselben zu finden: „Bei diesen (vorgenannten Pflanzen) hatten die Weisen die Angabe von Zeichen nötig, weil ihresgleichen nicht in Palästina sind; bei den folgenden hielten die Weisen die Angabe von Zeichen nicht für nötig, weil ihresgleichen in Palästina sind. Bei den Früchten gingen die Weisen nicht nach dem Geschmack, noch nach dem Geruch, noch nach der Gestalt, sondern nach der Mehrheit der Pflanzen: Ist die betreffende Art zumeist Freigut, so ist sie maaßerfrei (Schwarz z. St.). (T am Ende in einer zwischen zwei Worte Joses geschobenen Bemerkung. Also auch **hier** Simon und Jose zusammen!) Es ist ganz Simons Art, die Worte der Alten zu erklären (s. „Die Mischna etc." 1. Hälfte, S. XIX), über sie Bemerkungen an das Vorhandene anzufügen. Judas לא אמרו ist in Simons Sinn gesprochen, nach dem Grundsatze ולטעמך. (Vgl. auch das שאין כיוצא בהםכו Simons Schebiith $9_1\beta$ mit T Ende Maaß).

Vielleicht ist diese Bemerkung Simons die Veranlassung dazu gewesen, die Pflanzenaufzählung 5_8 an den Schluß zu bringen. Vorher war vom Feldkauf in Suria die Rede — so mochten auch die dem Auslande angehörigen Pflanzen an den Schluß kommen! Die vordere Reihe 1 bedurfte nur der Zeichen der Reife, dagegen die hier genannten Pflanzen mußten den Palästinensern an sich selbst geschildert werden.

c) T 3_1 steht Simon **auch** an hervorragender Stelle, da er dort auf dem Felde am Feuer geröstete Früchte für maaßerpflichtig erklärt. Mit jener Stelle scheint sich dem Gegenstande nach Mischna 4_1 etc. zu decken, so daß es auch eine dem vierten Abschnitt entsprechende Simonmischna gegeben haben mag. Wir werden sehen, wessen Fassung R dort bevorzugt hat.

d) Außerdem scheint es in seinem Sinne gewesen zu sein, das Verbot des Früchteverkaufs 5_3 als ein Verbot des Getreidefeldverkaufs (also des noch stehenden Getreides) aufzufassen, was er (s. Jer.) im Gegensatze zu SbG gestattet. Dann wird der Zusammenhang zwischen 5_3 und dem שדה ירק in Suria (5_5) noch ersichtlicher, wie es auch zeigt, daß Simon ganze Halakhareihen und Abschnitte des Traktats behandelt hat. Vielleicht ist, um den Gegensatz zu seiner Erleichterung noch entschiedener auszudrücken, diese Verkaufsreihe aus dem zweiten Abschnitte, um SbG's Halakha festzuhalten, an den Schluß gebracht worden (s. auch T 2_2).

e) So steht auch Simon, wie wir es bei R bemerkt, an wichtigen Stellen: Am Anfange, am Ende, 4_1 bei Beginn des Schlußteils und 4_{3-5} in besonderer Halakhareihe. Vielleicht hatte er die Aufzählungen noch zusammen und die Anfangsregel nach T (s. o.) so erweitert, daß alle Arten dort Raum hatten. Auf diese Vermutung bringt uns der Umstand, daß er die Aufzählung am Anfange und am Ende durch die Regel und die Schlußbemerkung bestimmt. Sifri, der die Arten zusammenbehandelt, wird ja auch auf Simon zurückgeführt.

Und da der Satz וכל מעשר הארץ etc. nicht dem Deuteronomion, sondern dem Leviticus angehört, so sind vielleicht auch aus diesem Grunde von SbG die Arten Ende 4 vom Anfang hinweggenommen worden, der auf Deut. beruht (s. o. unseren Nachweis).*)

§ 15. Zeitgenossen dieser ordnenden Tannaiten sind noch Simon ben Eleasar (SbE), der Erklärer vieler alten Halakhot, Natan, der Gegner SbG's, dem sich übrigens auch SbE vielfach entgegenstellt, und Eleasar bar Simon. Diesen gehört Folgendes an: Zeitgenossen.

a) T 1_8 naht (wie Ther. 8_3, wo Elieser und Josua streiten) die Sabbatnacht, und אכילת עראי wird sofort אכילת קבע; doch ist, da man in erlaubter Weise den Genuß begonnen, dessen Fortsetzung (wie nach E in der von uns angenommenen Lesart von Ther.) gestattet. 1) SbE.

Das ist auch SbG's und Joses Ansicht nach T Berakhoth 5_{1-2} gegen Id (s. Gemaroth Pes. X Anfang).

SbE beschränkt diese zunächst unumschränkt gegebene Erlaubnis dahin, daß man von vornherein

*) Wir müssen besonders bei folgend. Darlegungen bemerken, daß es kein Mittel gibt, die hier gebotenen Ergebnisse zu begreifen, geschweige denn zu beurteilen, wenn dem Leser nicht Mischna, Tosefta und Talmud vorliegen. Dasselbe verlangt ja auch die Bibelkritik bezüglich ihrer Quellen, wenn sie die Stellen nur durch Zahlen angibt.

nicht mit Absicht Anstalten zu einer bis in den Sabbat hinein sich dehnenden Mahlzeit mache. α ist also SbG, und SbE scheint, wie Nathan T Ther. 7_{10} vollkommen sich nach Id richtet, zum Teil gegen SbG dessen Ansicht zu vertreten.

Eine entsprechende Sabbatmischna haben wir erst Maaß. 4_2. Merkwürdig, daß diese Sabbathalakha $T\,1_8$=Mischna 4_2 (dem Gegenstande nach) und die folgende Halakha $T\,1_9$ המקפה בעריב׳ der vorausgehenden Mischna 4_1β המקפה לתבשיל entspricht, so daß zwei Mischnas des Schlußteils zwei aufeinanderfolgenden Baraithas des Anfangsabschnittes entsprechen. (Vgl. besonders auch $T\,3_4$ das Hereinbrechen des Sabbats!)

Das ist ein weiterer Beweis für unsere frühere Annahme von Halakhotversetzungen der besseren Uebersicht, oder halakhischer Zwecke wegen. Vielleicht ließ man früher als Einschiebsel zwischen der alten Pflanzenaufzählung 1,3_9β 4_5β 5 und den Oertlichkeitshalakhot des 3. Abschnitts, die auch zum alten Kern gehören, die Bestimmungen über die 6 maaßerbestimmenden Verhältnisse אור מקח מלח שבת תרומ׳ חצר folgen, so daß חצר ans Ende kam. Wir werden noch sehen, daß man sich bei diesen Versetzungen nach Mischnaquellen richtete, die eine andere Ordnung hatten und deren Aneinanderreihung man zum Teil annahm. Und zwar aus oben schon angegebenen Gründen.

b) $T\,2_{19}$ sagt SbE, daß ein Tier*) im maaßerpflichtigen Hofe nichts von den darin befindlichen Früchten genießen darf. Das widerspricht der Mischna 3_4β, wonach dieselben, ehe sie auf dem Dach geordnet sind, dem Tier gegeben werden dürfen.*) Wenn T_{8-10} dies auf den Fall beschränkt, daß man aus Vergeßlichkeit in den Hof gekommen ist (am besten, wir streichen חצר חבירו und nehmen לר א׳ש גגו***) an, wie Jer. und Simson), wenn, wie wir gesehen, R und Jose bar Id darüber streiten, so scheint SbE den Satz ganz allgemein genommen und im Hof unbedingt den Genuß verboten zu haben, wie sich auch

---

*) eigentlich auch der Mensch.

**) R bestreitet 3_4β also SbE.

***) S. o. § 12 b.

aus T $2_{19}\alpha$ ergibt. Dies ist R gegenüber die ältere Halakha.

c) SbE ist es, der sofort in der folgenden Halakha den maaßerpflichtigen Hof nach Akiba = Mischna 3_5 bestimmt.

Da er Mischna $3_4\beta$ und 5α behandelt, so ist das ein Beweis dafür, daß, wie wir beim Aufbau*) angenommen, diese beiden Sätze zusammen gehören und der erste den Uebergang zum zweiten und demnach zu der alten Reihe des חצר darstellt.

d) T 3_{10} behandelt SbE unter לא נחלקו eine an $5_2\beta$ בצלים כו' sich anschließende Halakha, wonach man von den aus den Ritzen sich herausdrängenden Wolfsbohnen die größeren abnehmen und die kleineren dort belassen darf und in seine Hand legen, nicht aber auf die Erde oder in ein Gefäß. Nach SbE ist es nur verboten, sie in ein Gefäß oder in die Hand zu legen. S. Schwarz z. St., wonach auf die Erde und in die Hand zu legen nach α erlaubt ist. (Elia Wilna.) Wir nehmen an, daß, weil die Stelle in T Maaßeroth steht, eine Beziehung zu Maaßeroth vorhanden ist, (ob man etwas in ein Gefäß oder in die Hand legt), wie es dieser Sätze viele in Maaß. gibt; und nicht nur auf das Sabbatgesetz, wonach das Ausnehmen in diesem Fall kein Abreißen ist, und man nur auf die Tätigkeit des Auswählens Rücksicht zu nehmen hat (daß nämlich nicht die kleinen aus den großen oder umgekehrt ausgewählt und sorgsam fortgelegt werden).

Da in T SbG mit לא נ חלקו folgt, so scheint T 3_{10} und $_{11}$ zusammenzugehören, wie in der Mischna 5_2 בצלים etc., worauf sich SbE, und 5_3, worauf sich mit מודים SbG bezieht (wenn wir die Verkaufsreihe 5_3—$_5$ zusammennehmen, wie wir oben getan). Dann hat SbE mit SbG hier gearbeitet, wie er an anderen Stellen seine Halakha bestreitet und zu ihm jedenfalls in halakhischer Beziehung steht.

a) Eleasar bar Simon behandelt Mischna 3_8: Eine Feige steht im maaßerpflichtigen Hofe, wo man nur einzeln die Früchte essen darf; nach Simon darf 2) El. b. S.

*) § 7.

man eine in jeder Hand und eine im Munde haben; nach Jer. z. St. hat sein Sohn Eleasar das bei je dreien in Händen und im Munde erlaubt. Es ist das T 2_6, wo sich die Worte auf die Mischnareihe 2_{5-7} beziehen.

Ein weiterer Beweis für die Versetzung von Halakhot. 3_8, ein Einzelfall, der nach jetziger Ordnung in 2 keinen Raum mehr hatte, ist, wie die כסבר-reihe $3_9\beta$, wegen halakhischer Beziehung zum Hofe hierher gekommen.

3) Nathan. Der gleichen Mischnareihe gehört 3_7 סוכת היוצרים an, welche Stelle nach T 2_{21} von R. Nathan stammt, durch die Acherim (etwa Meïr?) überliefert. Man vergleiche damit 3_5 β Id.

Wir ersehen hieraus, daß auch ältere Reihen, wie 3_{5-11} Bereicherungen selbst von den jüngsten Geschlechtern erhalten haben.

Nun können wir uns erst den Tannaiten zuwenden, von denen größere Halakhagefüge stammen; es sind das erfahrungsgemäß unter den Schülern Akibas Juda (Id) und Meïr (M). Es können nur **ihre** Geisteswerke sein, auf denen die Arbeit jener Ordner beruht.

Reihen Jd's und M's. § 16. Blicken wir auf die Pflanzenaufzählung des ersten Abschnitts (etwa 1_4 sind dort die Stücke 3_8 β 4_5 β_6 5_8 einzuschieben), so sind da 1_7 entschieden Zusätze, die mit אע"פ' beginnen und angeben, wie weit trotz der am Wein und Oel schon vollbrachten Arbeit אכילת עראי gestattet ist. Gleiches findet sich 1_8, wo man das מחליקין im Anschluß an das משיחליקנו mit dem folgenden Streit genau als jüngere Ausgestaltung erkennt; ebenso היה דש und מעגל bezüglich des משידוש und משיעגל. An diesen Stellen finden wir dreimal den Namen Judas (Id); sein Verbot, den Feigenkuchen mit den aus Feigen und Trauben hervorgehenden Flüssigkeiten zu glätten, erinnert auch bezüglich der damit verbundenen Eigenschaft, daß der Traubensaft die Unreinheit als מכשיר herbeiführen kann, an Eliesers (E's) Ansicht Therumoth 11_2, wo Id und Simon zusammen arbeiten. Die betreffenden Sätze in Maaßeroth $1_{7,8}$ hat auch T $1_{7,11}$.

T zeigt, daß die Einzelfälle (im Gegensatz zur Pflanzenaufzählung) hier bereits beginnen; daher hier bei ihr der Genuß bei hereinbrechender Sabbatnacht (T 1_8)*), das Abnehmen der Schalen vom Weine (T 1_9), die Erlaubnis für die Arbeiter, vom verarbeiteten Oel zu brennen (T 1_{10}), woran sich gut היה דש בחבית (T 1_{11} = Mischna $1_8 \beta$) schließt.

So gehört היה דש zu den Einzelfällen,**) die sich 2_1 mit הי' עובר, 2_2 mit היו יושבין fortsetzen. Diese Stellen sprechen wir M zu. Im Jer. tut das Eleasar geradezu, ebenso das. Samuel zu 2_1 (während das דברי הכל היא des Amoräers Jose dem אפי' תימ' לא תיפוך der Späteren in ihrem Ausgleichsstreben entspricht), und die Worte desselben Tannaiten setzen sich 2_2 fort.

Hier wird Id gegen M angeführt; aber er berührt nur einen Nebenumstand (wann ist der Ort als מחייבת für den Hausherrn zu betrachten?) während er in der Hauptsache mit M auch 2_1 übereinstimmt. Darin ist Jose im Jer. halakhisch berechtigt; Samuel gibt aber sachlich als Quelle M an.

b) Die Fortsetzung zu 2_2 bietet $3_1 \alpha$, wo der Hof die Maaßerpflichtigkeit, wie 2_2, nur für den Eigentümer hervorruft. (Das zeigt der Ausdruck der Mischna, wie auch Raw im Jer. gegen den jüngeren Ulla.)

Diese drei Mischnas zeigen ganz das Wesen der geradlinigen Ordnung M's,***) selbst wenn ihre Halakhot M und Id gemeinsam sein sollten.

c) 2_3 dagegen ist unverkennbar Id. Einmal, weil Id vorher spricht und nachher M (wer sollte sonst der Mitredende sein?) und dann, weil T 2_1 im Anschluß daran מעשה שהלך ר'יהושע אצל ריב"ז bringt und es (s. Einl. zur ersten Hälfte bez. Id's) ganz die Art

*) Vgl. T 3_4!

**) allerdings ist 2_1 künstlich daran angeschoben.

***) S. 1. Hälfte, Einl. M. betreffend.

Id's ist, eine Halakha durch eine Erzählung zu bestätigen.

T hat diese Halakha auch, und zwar wie früher gezeigt, vor den zwei vorangehenden. Demnach kann הרוכלין auch Id angehören, nur daß er ursprünglich עד שמגיעי' לבית הראשון hatte, während M's Ansicht למקום השביתה eingeschoben wurde.

d) Trotz der von uns beim Aufbau gegebenen Erklärungen wird Mischna 2_4 (Abhebung der Therumah bei noch nicht herangekommener Maaßerpflichtigkeit) an dieser Stelle merkwürdig erscheinen. Wessen Ansicht ist es denn aber, daß auch in diesem Fall אכילת עראי verboten ist? Die Ansicht E's gegen die aller anderen! Ist es nicht aber gerade Id, der die Ansichten schammaïtisch gefärbter älterer Tannaiten anführt? (S. Einl. zur 1. Hälfte, zu Id.) Die Chachamim, die (gegen Simon) nur das Abheben des Speisekorbs als אכילת עראי hindernd ansehen, nicht aber die sonstige vorzeitige Therumah, können nur durch M angeführt sein. Ist er es doch, der wiederum 5_1 sofort danach spricht.

Daß 2_4 von E und demnach von Id stammt, beweist T2_3, wonach die Chachamim sich bezüglich des Speisekorbes nach E, E sich bezüglich unverarbeiteter Aehren und Trauben nach jenen richtet. Dieses doppelte מודים zeigt Jose's, SbG's oder R's Hand (s. Einl. zur ersten Hälfte S. XVII), wodurch eine Ueberbrückung der Ansichten entsteht. Das Verbot des Speisekorbes ist, wie wir später sehen werden, nicht schammaïtisch.

M bietet T 2_3 eine ähnliche Halakha, nur statt התורם hat er הלוקח, als wollte er dem התורם der vorgehenden T entgegensetzen: Kauf unverarbeiteter Früchte bringt zwar das Verbot von אכילת עראי hervor, nicht aber die Hebe. Damit stimmt der überleitende Satz כר"א Mischna 5β überein.

Wir erkennen nun noch klarer, was R dazu bewogen hat, 2_4 in diese Reihe zu stellen. Er wollte den Gegensatz zwischen E und wahrscheinlich I, zwischen Id und M bezüglich der Wirkung von תרומה oder מקח bei noch nicht maaßerpflichtigen Früchten andeuten und hat darum hier ein Stück Id eingeschoben. Nun hängt die oben (beim Aufbau) vor uns festgestellte Reihe der קנינים noch besser zusammen: ($1_5\beta$) Kauf bringt jedenfalls Maaßerpflicht, (2_1, $_2$) Geschenk aber nicht (2_5) Therumah (was E dem Kauf gleichstellen wollte), auch nicht, falls nicht das Schließen des Speisekorbes beweist, daß der Besitzer nichts mehr mit den Früchten vorzunehmen gedenkt (Schwarz z. St.).

Diese Reihe geht 2_5 mit M (den die Chachamim von $2_4\beta$ bezeichnen), weiter, wonach der Kauf schon abgepflückter Früchte oder solcher, welche der Kaufbedingung gemäß als solche gelten, אכילת עראי unmöglich macht. Id erlaubt sie einzeln zu essen und vermittelt halakhisch zwischen der von ihm, wie so oft, gebrachten מעשה (s. Einl. zur 1. Hälfte S. XVI). die die alte alles gestattende Halakha enthält, und zwischen der strengeren Entscheidung M's.

T 2_{11} findet sich diese Mischna so, daß zunächst Id's Ansicht אוכל א' א'כו' steht; wenn der Hausherr die Früchte ihm herausgibt, darf er ohne Verzehntung אכילת קבע nehmen (dies scheint eine Anähnlichung der Halakha an die מעשה Id's in der Mischna zu sein) und diese Ansicht wird als M angegeben; nach Id gilt stets אוכל א' א'כו'. Also die Erfurter Ausgabe; richtig verbessert Friedländer bei M bezüglich des היה בעה"ב מוצי' etc. לא יאכל עד שיעשר; (dann bestreitet M im ganzen Id.) Doch führt er nicht, wie Schwarz, Elia Wilna als Quelle an; schade, daß hier, wo Schwarz auch Friedländer als Hersteller der richtigen Lesart erwähnt, der Drucker daraus ח"ר statt ח"ש (חשק שלמה) gemacht hat, so daß der Vielbestrittene hier gar nicht erkannt werden kann. Doch bleibt es fraglich, weshalb M im ersten Fall im Gegensatz zur Mischna אוכל א' א' gestattet. Da hier in T aber an zweiter Stelle der Hausherr die Früchte pflückt und jenem reicht, so pflückt sie im vorhergehenden Fall der Käufer; in der Mischna soll dies dagegen der Hausherr tun.

Man dürfte uns nun fragen, warum wir beim „Aufbau“ die Reihen der örtlichen Angaben (2_{1-3}, 3_1) gesondert wissen wollten von denen des bloßen קנין (2_5 ff. $3_1\beta$ etc.), wenn die Halakhot bei der quellenmäßigen Auseinandersetzung einen so festen Zusammenhang gewinnen? Der soeben betrachtete Teil (2_4 ff.), der von den „noch nicht vollendeten" Früchten handelt, nimmt seinen Ausgangspunkt von 1_7, wo wir, wie hier כלכלה, also auch קרדה ולפת finden, und so sind hier zwei Halakhareihen ineinandergefügt:

1_7 (die Zusätze sind hier gemeint) 8 α	
	8 β zur Ueberleitung zu 2_1 (היה wie hier; s. o.) $2_{2,3}$,
(2_3 β zur Ueberleitung zu Id's Halakha) 2_4, welches	
	2_5 (wie T beweist s. o.) sein halakhisches Gegenbild hat, 5_5 weitergeführt wird.

Poalimreihe Jose N.

§ 17. Haben wir hier wesentlich die Reihe Id M in Verbindung derselben durch R vor uns, so beginnt, wie wir gesehen, mit 2_7 die auch der Kinjanverknüpfung angehörige Poalimreihe. Wir haben diese vermutungsweise oben Jose und SbG (nach unserer Formel Jose N., s. die Einleitung zur ersten Hälfte) zugeschrieben.

Blicken wir auf T, so werden wir bald die Bestätigung der von uns früher behaupteten Ansicht finden, daß die Satzungen, die sich auf Arbeiter- und Handwerkerklassen beziehen, dieser Quelle angehören. (S. a. a. O.) Da haben wir T 1_{15} (Friedl.) die בדרין, dabei אין חוששין משו׳ גזילה (s. die Tekanahreihe in Gittin הניזקין)*); wie in der Mischna schließt der erste Abschnitt mit Jose, um sofort die gemeinsame Halakha (s. o.) החמרין folgen zu lassen, die in ihrem Grundzuge Jose SbG angehört; wir sehen diese ordnenden Tannaiten T $2_{2,3}$ (Friedl.), an מודה und מודים erkennbar, 2_4 SbG und R, den Zusammensteller, 2_7 חושש oder אינו חושש משום גזל. So kommen wir zur Poalimreihe; da heißt es שהתורה זיכתה להם (s. T Ther. 10_4 Friedl. SbG).

Auch bei den Halakhot des Fundes, die mit der Poalimreihe in Verbindung stehen, finden wir immer מותרת oder אסורות משום גזל, was genau bis SbE T 2_9 β führt. Vergleiche man damit die Teile Jose N. in der ersten Hälfte und man wird diese Zeichen zu würdigen wissen.

*) Gittin 5_8 dreimal Jose.

Das gibt uns die Berechtigung (oder es müßten alle äußeren Zeichen der wissenschaftlichen Quellenscheidungsgrundsätze trügen) die Poalimreihe in Verbindung mit der Halakha des Fundes Jose oder SbG zuzuschreiben.*)

Die Kinjanverbindung, die wir oben nachgewiesen, gehört SbG und R an, die als Jüngere diese Halakhaverbindungen zwischen den Satzungen der Hauptschüler Akibas herstellen. Das zeigt mit größter Deutlichkeit die Bemerkung, die wir oben R zugeschrieben, die nun von den eigentlichen Satzungen des Kaufes zu den Arbeitersätzen überleitet: (Mischna $2_6\beta$) מפני שקנה במחובר לקרקע welcher Grundsatz sowohl für 2_6 gilt, als er, wie wir früher gezeigt, maßgebend ist für das Recht der Arbeiter, von den Früchten der zu bearbeitenden Felder zu genießen.

So geht T 2_6 (Friedl.) der R und Jose bar Id gehörige Satz vom חצר חבירו den Poalimsatzungen als Uebergang voraus, da sie doch tatsächlich „im Hofe des Andern" arbeiten. Also R. und seine Genossen; genau wie Mischna $2_6\beta$.

Die Behandlung der Poalimsätze gehört also Jose N an und ihre Einfügung wird durch R und seine Genossen, wie uns Mischna und Tossefta durch Uebergänge zeigen, abgeschlossen worden sein.

§ 18. a) Gehen wir nun über 3_5 — 4_1 als über einen der älteren Teile hinweg, so kommen wir 4_1 an den Schlußteil heran; mit dessen Anschiebung wir R oben beschäftigt gesehen haben. Schlußteil. Jd.

Im ersten Teil 2_1 ff. ist der Ordner von M ausgegangen und hat Id's Satzungen in dessen Worte eingeschoben, ebenso die Poalimsätze. Ja, es ist durch den Schluß des ersten Abschnitts היה דש mit einer Satzung M's auf die folgenden Sätze übergegangen worden.

---

*) Die Poalimreihe B M 7_1 etc. trägt ebenfalls am Anfange die Zeichen SbG's.

4_1 beginnen die Satzungen der Bereitung und Verwertung der Früchte zum Genuß. Wir haben oben (§ 15a) gesehen, daß hier mehrere Halakhot stehen, denen einige andere am Anfang nach Gegenstand und Reihenfolge entsprochen haben, wie besonders T beweist. Das läßt darauf schließen, daß wir hier eine zweite Quelle haben, die die Gegenstände jener ersten in anderer Weise behandelt hat.*)

Von Ende 1 bis 3_5 machen die Halakhareihen den Eindruck, als wenn sie feste Ordnungen bildeten oder solchen entstammten: $1_8\beta$ היה ר"ש 2_1 היה עובר 2_2 היו יושבין (dann dazwischen andersklingende Sätze der Id - Satzungen). 2_5 האומר־ etc., 2_6 האומר etc., dann von 2_7 an bis 3_5 im großen und ganzen die Poalimsätze.

Kommen wir nach 4_1, so zeigt sich das Gegenteil: 4_1 הכובש, 4_2 תינוקות, 4_3 הנוטל, 4_4 שותים', 4_5 המקלף, β כסבר bis Schluß. Keine irgendwie verwandten, auf eine Reihe deutenden Mischnaanfänge — jeder Satz auch dem Gehalt nach scheinbar etwas Selbständiges — aus dem Ganzen liest man dann erst heraus, daß es Satzungen des Genusses sind, die wir bis $4_5\beta$ vor uns haben.

Im fünften Abschnitt ist der Inhalt, wie wir gesehen, noch bunter — aber wir lesen doch 5_1 und $_2$ העוקר, $_3$ und $_4$ לא ימכור und $_5$ הליקח; dann aber bald 5_6 המתמד, 5_7 חורי הנמלים, 5_8 שום בעל בבי etc.

Auch im Ther. hat sich in den Schlußabschnitten im Gegensatz zum Anfang das Gleiche gezeigt; auch dort haben wir den mehr geordneten Anfang M, den merkwürdiger aneinandergereihten Schluß einem andern, und zwar Id, in der Grundlage des Ganzen zugeteilt. Wir fanden dort Ende 9 einen

*) Ohne diese Quelle hätte R. nicht an die Versetzung von Mischnas denken können.

Uebergang zur Id-Quelle, wie oben Maß. 1 einen solchen zur Quelle M, an 2_1 angeschoben.

b) Ist auch hier ein solcher Uebergang zu 4_1 bemerkbar? Beachte man folgendes:

Ende 3_{10} fanden wir eine mehrere Gebiete streifende Stelle, die nach der Einl. zur 1. Hälfte schon durch diese M fremde Form an die Art Id's erinnert. „In Jerusalem geht alles nach dem Wipfel" des Baumes, was die Grenze Jerusalems anlangt und die Erlaubnis, dort noch MS-Früchte zu essen. In der von uns als Fortsetzung oben gekennzeichneten Mischna MS 3_7 wird im gleichen Falle, ohne den Wipfel zu berücksichtigen, verlangt, daß Wipfel oder Stamm innerhalb der Mauer sich befinde. Da wird Makkoth 12a von R. Kahana, der die Belege gleich bei der Hand hat, die Mischna Maaßeroth $3_{10}\beta$ wirklich Id, die von MS den anderen Weisen zugeteilt. R. Aschi dagegen gleicht aus.

So ist allerdings von R, wie wir oben gesehen, der Abschnitt mit einer Id-Halakha geschlossen, was sehr danach aussieht, als hätten wir Maaß. 4 und 5 in den Grundzügen Id vor uns. Sehen wir zu.

§ 19. a) 4_2 verstecken Kinder Feigen (auf dem Felde) für den Sabbat und vergessen die Verzehntung; so dürfen sie beim Ausgang des Sabbats sie nicht essen, ehe sie sie verzehnten. Erinnern wir uns daran, daß nach Id Ther. 1_3 das Kind eine giltige Hebe geben darf, so daß schon aus diesem Grunde unsere Mischna ihm angehören muß. Fortsetzung.

Es sind amoräische Ausgleiche, wenn von Abbaji und R. Hila in Jer. verlangt wird, daß sie beim Sonnenuntergang sammeln müssen, damit „die Tat hindeute auf ihren Gedanken." Ist es doch Id's Art, selbst bei שגגה, z. B. beim Kochen am Sabbat, erst für den Ausgang des Sabbats den Genuß zu erlauben (s. T Sabb. 3_5). Bezüglich der oft angezogenen Stelle Ther. $8_3\beta$, wo E in einem ähnlichen Fall gegen J erleichtert, gibt es eine umgekehrte Lesart, und R. Nathan hat E die erschwerende Ansicht zugewiesen.

Man braucht schon deshalb nicht zwischen ייחדום לשבת oder לא ייחדום in der Mischna selbst einen Unterschied zwischen Maaß. und Ther. anzunehmen, da R. Jochanan und Resch Lakisch darum erst streiten, ob ein solcher Unterschied besteht. T Maaß. 3_4 entscheidet Id auch, selbst wenn die Früchte noch auf dem Wege sind und der Sabbat eintritt, daß man beim Ausgang des Sabbats verzehnten muß.

b) Im Zusammenhang damit steht der Eßkorb für den Sabbat, dessen Inhalt nach BS erlaubt, nach BH verboten ist. Da sagt Id T 3_2: „Hillel selbst hat ihn verboten"; es ist also ein alter Streitfall zwischen Hillel und Schammai selbst, und Id ist es, der das Verbot als hillelitisch festsetzt. (S. Edujoth 4_{10}.)

Id sagt $4_2\beta$ weiter: „Auch wenn jemand den Speisekorb voll sammelt, um ihn dem Anderen zu schicken, darf dieser davon nicht essen, ehe er verzehntet.

Das אף deutet auf die früheren Sätze als auch Id gehörig zurück.

(Hier bestätigt es sich auch, daß 2_4 E und Id zugleich ist, auch hier ist כלכלת תאנים Gegenstand der Erörterung.) Auch hier nach T 3_3 sagt Id „Hillel selbst hat dies verboten".

c) Dem המוטמן von 4_1 zum Zwecke der besseren Reife entspricht das שטמנו 4_2 zum Zwecke des Sabbats als Gegensatz. Davon hängt wieder כלכלת שבת und davon als Satzung Id's und Hillels der zweite כלכלה-Satz ab.

Dem המולח von 1_1 entspricht als Ausgestaltung 4_3: „Wenn man Oelbeeren aus dem Behälter nimmt, tauche man sie einzeln in Salz und esse sie; wenn man sie salzt und vor sich hinlegt, ist man maaßerpflichtig. E sagt: Wenn man vom reinen Behälter nimmt, ist man maaßerpflichtig; wenn vom unreinen, ist man frei, weil man den Rest zurückwirft. (S. $3_4\beta$.)

T 3_7 wird E entgegengehalten, daß man in einen anderen Behälter die Oelbeeren zurückwerfen dürfe; (wenn nämlich ein anderer unreiner Behälter in der Nähe ist). Beza 19 nimmt R Abbahu an, daß E im ersten Fall an einen Unreinen denkt, dem man Wein aus einem reinen Behälter gereicht hat.

Wenn schon E auf Id deutet, so noch mehr das טובל א'א' במלח etc. (s. 2_5).

d) 4_4, wo man aus der Kelter trinkt, entspricht scheinbar 4_1 in keiner Weise.

So kennzeichnet es sich als Einschiebsel, ist auch nicht Id's Mischna, sondern M's, der sowohl mit warmem, als mit kaltem Wasser den Wein zu trinken erlaubt (so lange der Betreffende den Oberkörper nicht aus der Kelter herauszieht). Eleasar ben Zadock verbietet dies, da ihm die Nebenbedingung nicht erfüllbar scheint. Die Andern verbieten bei heißem Wasser, weil damit der Wein דבר שנגמר' מלאכתו ist.

Diese Mischna hätte am besten ihren Platz 1_7 und ist von R hier der Gleichheit der Gegenstände wegen eingeschoben.

e) 4_5 המקלף שעורי' erinnert wegen des מקלף א'א', wie der nächste Fall, an Id. Weitere, später von uns zu betrachtende E-Sätze zeigen bis zum Ende des Abschnitts weiter Id's Spur. 4_5 hat, da es, wie wir oben gezeigt, von R angeschoben ist, in 4_1 keine ersichtliche Grundlage; möglich, daß הסוחט וחים auf die ähnliche Tätigkeit des מולל מלילו' hinweisen soll und daß R zu gleichem Zweck den Satz המקפא etc., der wie 4_5 nach 1_7 paßt, von dort hierhergenommen hat. Dann wäre המקפ' M, da es anders bezüglich der קדרה entscheidet, als Id 1_7. Das מפניכו' ist geradezu eine Bemerkung R's.

Zweifelhaft bliebe nun gerade 4_1 bis המקפ'. Da es aber die Voraussetzung zu 4_2, $_3$, $_5\alpha$ und nur durch המקפא zu 4_4 ist, so wird es im wesentlichen (wenn man noch Ende 3 als Uebergang zu 4 betrachtet) wohl auch Id sein.

§ 20. a) Ueber $4_5\,\beta_6$ kommen wir nun zum Schlußabschnitt, den R, wie wir oben gesehen, an die vorausgehenden Sätze gehängt hat. Er tat dies, um Fortsetzung nach der Ordnung der Jahrestätigkeit die Mischnas aneinanderzureihen.

Hier finden wir einen Satz, den wir von vornherein Id zusprechen können. Er gehört Eleasar ben Asarja (E b A) an: 5_1 α besagt, daß Ausnehmen zum Zweck des Pflanzens maaßerfrei macht; ebenso der Kauf noch stehender Früchte; sammelt man solche, um sie dem Andern zu schicken, ist man maaßerfrei (es ist von Schößlingen die Rede). E b A sagt: Wenn ähnliche auf den Markt kommen können, sind sie maaßerpflichtig.

Das muß Id sein! Auch oben war er mit הלוקט לשלוח לחבירו verbunden (4_3), und hier steht noch dazu E b A, den wir neben E, Tarfon und Aehnlichen (s. Einl. zur 1. Hälfte) als Jd's Gewährsmann angegeben und vielfach nachgewiesen! Und siehe da! T 3_8 ist Id wirklich der Ueberlieferer dieses von E b A herrührenden Satzes!

b) Und 5_2 mahnen die בצלים משהשרישו (s. o. § 11) an Ther. 9_7, welche Mischna wir dortselbst als Ueberleitung zum Schlußteil des Traktats Id zugewiesen haben.

c) 5_6 ist, durch ein vorhergehendes Wort R's gekennzeichnet, von ihm als Ansatz zu 5_4 (s. o.) angeschoben worden. Hier wird Id als erschwerend angefürt.

So ist hier, wie wir es in Ther. gezeigt, die Grundlage des ersten Ansatzes 2_1 (s. 1 Schluß) — 3_5 M, die des zweiten 4_1 — Ende, Id. Im ersten sind Id's Satzungen eingefügt, im zweiten M's. Stücke von Jose N finden wir in beiden, z. Th. unter S b G's Namen. Die Zugrundelegung einer Quelle ist nicht gleich der Quelle selbst; dieselbe kann von R bearbeitet, halakhisch umgewandelt, bereichert werden. Aber eins halten wir fest! M ist geradlinig, so werden auch geradlinige Halakhareihen in seine Worte hineingesetzt. Id ist freier in Aufbau, bietet dem Zusammenhang erst nach genauerem Einblick; wo wir in seinem Gebiet geradlinige Reihen finden, wie 5_{3-5}, da stammen diese von der Anfangsreihe 2_1 etc. her (s. o.), auch z. Th. $5_{1,2}$. Dagegen findet ein unvermittelt stehender Satz, wie 5_7 (das hat uns Ther. in den Schlußabschnitten gezeigt), bei Id leichtere Aufnahme, als in M's Gebiete.

§ 21. Akiba (Ak) muß aus den Worten seiner Schüler entdeckt werden. Ak.

a) 2_6 kauft jemand eine Anzahl Früchte, die er sich vom Baum absuchen will; da verlangt die Mischna, daß er jede Einzelfrucht mit nach und nach vom Baum herunter ablöse und jeden Teil einzeln esse. Das kann nur M's Ansicht sein, da er 2_5, wo ihm der Eigentümer die Früchte herunternimmt, überhaupt den Einzelgenuß verbietet, vielmehr sofortige Verzehntung verlangt; so wird er hier, wo der Käufer die Früchte selbst herunternimmt, also selbst der Erntende ist, den Genuß nur unter obiger Bedingung gestatten. Nur wenn er die Früchte einzeln bestimmt, sie also במחובר לקרק' sich aneignet, kann er sie in jeder Art genießen.

Ein ebenfalls schwerer Fall ist der, daß 3_9 die Früchte im maaßerflichtigen Hofe wachsen, wo R. Tarfon den Genuß im Ganzen gestattet, während Ak die oben $2_6\alpha$ ausgesprochene Erschwerung festhält.

Hier stehen Id und M auf Ak's und Tarfons Boden. Daß Tarfon erleichtert, stimmt mit E's erleichternder Ansicht Ther. 8_3 überein, und mit der משנה Id's 2_5, die ihrem Wortlaut nach keine Nebenbedingungen enthält, sondern nur die Ansicht, die Alten hätten solche Erschwerungen nicht gekannt. Tarfon und E sind ja die von Id (s. Einl. zur ersten Hälfte) begünstigten, von M zu Gunsten Ak's zurückgedrängten Tannaiten. Ak vertritt also die Erschwerungen.

Unmöglich ist es nicht, anzunehmen, daß Tarfon 2_6

nicht streitet und daß wir hier eine Id und M gemeinsame Mischna vor uns sehen (Simson). Aber notwendig ist es nicht, und die Mischna erklärt sich sehr einfach, wenn wir von den Ausgleichsversuchen a sehen, die die Mischna mit der angenommenen Halakha in Einklang bringen wollen.

b) $3_9\alpha$ ist von Id eingeführt, da es sich nach Tarfon, dem Schamuti, richtet; β dagegen ist M, als Ak's Wort.

(3_{10} scheint eine gemeinsame Halakha Id's und M's zu sein, und der Schluß Id als Ueberleitung. Wenn Simson hier im Allgemeinen M festhalten will, so liegt das in seiner Durchführung des סתם מתני' ר"מ; R. Aschis Wort ist ihm eine gewaltsame Deutung, um am Schluß durchaus נוף und עיקר gleich zu setzen (wegen MS 3_7).

c) Hat Ak $3_9\beta$ erschwerend auf die Art des Genusses maaßerpflichtiger Früchte durch M gewirkt, so finden wir ihn $4_6\beta$ im Gegensatz zu E. E will von der Kaper Knospen, Beeren und Fruchthülle, Ak nur die Beeren verzehntet haben, „weil sie die Frucht sind". So hat er hier, wo es sich um den Umfang der Maaßergabe dreht, erleichtert und zur Bedingung gemacht, daß es eine Frucht sei.

Auf den ersten Blick wird es merkwürdig erscheinen, daß wir damit $1_4\beta$ in Verbindung bringen, wo Simon die kleinen Ethrogim vom Maaßer befreit, wie Ak dieselben Succa 36 ungeeignet hält zum Gebrauch am Sukkoth. Rabbah hat hier ganz richtig beide Halakhot mit einander verbunden; das ע"כ לא אמ' ר"ש etc. ist eine spätere, den Saburäern gehörige begriffliche Trennung beider Satzungen. So gehen die Erörterungen darüber, ob nur die Frucht verzehntet wird oder alle Bestandteile irgend einer Pflanze, ob die Größe der Frucht maßgebend ist für die Maaßerpflichtigkeit, zunächst auf Ak zurück, von wo aus wir sie weiter verfolgen müssen. Dabei brauchen diese Ansichten noch nicht auf alle Früchte und alle Pflanzen ausgedehnt zu werden — genug, wenn, wie hier, Halakhot verwandter Art sich zwanglos auf eine Quelle zurückführen lassen. Wir werden noch sehen, wem die Ak bestreitenden Sätze gehören. (S. § 22 e.)

Vielleicht war hier die ursprüngliche Stelle für $4_5 \beta_6$.

d) Es ist auch E, der $4_5 \beta$ vom Dill Same, Kraut und Samenflügel verzehntet wissen will, während die Andern dies Verzehnten mehrerer Teile außer dem Samen auf Brunnenkresse und weißen Senf beschränken. Dies אינו מתעשר זרע וירק אלא השחלים והגרגיר בלבד sieht wie die Angabe eines bekannten Satzes, wie ein לא אמרו Simons aus. Wenn wir nun Josua (J) als Gegner E's vermuten müssen, wenn Simon Ak's Ansichten anzuführen scheint,*) wenn wir Ak auf J's Seite vielfach gesehen haben (s. erste Hälfte „Berakhoth" Ak) — ist es da eine zu kühne Vermutung, wenn wir in den Chakhanim hier Ak sehen?

e) Die Fassung von $5_5 \alpha$ ist nach T 3_{14} Ak. Wie Id MS 2_8 berichtet, hat Ak mehrfach den Unterschied zwischen באו לעונת מעשר' und לא באו festgestellt; auch hier scheint Id der Berichtende zu sein und zwar auf dem Gebiete Joses (s. o.**) und mit dessen Ausdrücken; so scheint ihn Jose angeführt zu haben.

f) Schließlich haben wir Ak an wichtiger Stelle, wo die Satzungen des Hofes beginnen, 3_5. Ism. will hauptsächlich, daß Gegenstände darin sicher seien; Ak, daß nicht einer die Hoftür schließen, der andere sie öffnen könne. Demnach beschränkt Ak der alten Halakha gegenüber die Anzahl der Fälle, in denen der Hof maaßerpflichtig ist.

T $2_{19} \beta$ erklärt SbE den Satz Ak's dahin, daß bei zwei Besitzesgenossen oder zwei Einwohnern, die einander nichts stören können, die Maaßerpflicht nicht eintreten kann; nur, wenn einer den andern hemmen kann, und nicht umgekehrt, wie etwa Wirt und Einwohner, wird der Hof maaßerpflichtig.

*) § 21 c.

**) S. § 13 a und die Bemerkung zu d.

Man vergleiche damit Ther. 3_3 und die Umkehr der Tannaitennamen Themurah 13a.

Es verengt sich der Halakhakreis gegen die Worte seiner Schüler stark bei Ak. Von hier aus müssen wir die Halakhot von JE suchen.

I E. § 22. a) 2_4 hebt man Therumah auf nicht gereifte (oder nicht verarbeitete) Früchte ab, und E verbietet den geringsten Genuß, ehe man die Maaßeroth davon gegeben. Die Anderen gestatten noch den Genuß, mit Ausnahme der Früchte im Speisekorb (s. o. § 16 d.)

Das mag damit zusammenhängen, daß die Schammaiten Ther. 1_4 selbst die Hebe des „Unvollendeten über das Vollendete" für giltig erklären, während die Hilleliten sie für nicht abgehoben ansehen; und Ende Ther. 1 wird sie gegen die Hilleliten von 1_4 nachträglich genehmigt; wohl von den Schammaiten. So vertritt denn E Maaß. 2_4 wieder die schammaitische Seite, indem die genommene Hebe als giltig das Weitere nach sich zieht; die andern Weisen (gegen Simon) sind die Hilleliten, also J und wohl Ak. (2_4 ist von Id eingeführt. S. o.)

b) Auf JE Ther. 11_2 bezieht sich Id Maaß. 1_8; und zwar hat er E's Halakha, wonach das Glätten der Feigenkuchen mit Reben- oder Feigensaft wegen Umwandlung der Flüssigkeiten (in אוכל) und wegen der Machschir-Eigenschaft verboten ist; so haben wir hier eine Folgerung aus E oder eine E-Halakha.

c) $3_9\alpha$ steht eine E-Halakha (Ther. 8_3) im Hintergrunde, wo E im Hofe den Genuß der ganzen Rebe gestattet, wenn man ihn außerhalb begonnen. Tarfon ist oft Schulgenosse E's. (Von Id eingeführt. S. o.*)

d) 4_3 gestattet E den Genuß von Oelbeeren aus dem Behälter, wenn man dieselben zurückschütten kann, d. h. wenn der Genießende und der Behälter unrein sind.

Eine Verquickung von Seraim und Toharoth ist ganz E's und Id's Sache (s. o. zu Maaß. 1_8).

e) $4_5\beta_6$ haben wir ihn zweimal bemerkt, wie er im Gegensatz zu Ak, der nur die Frucht verzehntet

*) § 18 b.

wissen will, mehrere Teile der Pflanze dem Maaßer weiht.

Es ist auch eine Spur dafür vorhanden, daß wir $4_5 \beta_6$ im ganzen eine JE-Stelle vor uns haben, daß also Ak J vertritt. 4_6 verlangt SbG (oder G, was dasselbe ist, s Einl. zur 1. Hälfte) Maaßer von den Knospen des griechischen Heus, des Senfs und der weißen Bohne. Und T 3_7 sagt ר׳יהושע בן קבוסיי, für den Erfurter Ausgabe und Jer. 1_1 nur ר׳יהושע setzen, (so daß vielleicht wirklich hier J gemeint ist): „Niemals habe ich mich dazu herbeigelassen, jemandem zu sagen: Geh und sammle Dir Knospen von Senf lege sie ein und sei frei von Maaßer“. Was bei diesem Josua nur eine übergroße Peinlichkeit darstellt, wird bei G oder SbG 4_6 bereits zur festen Satzung, weil N den Brauch berücksichtigt.*) Nach Jer. 1_1 steht die Regel „Was sofort eßbar ist und wenn man es auch auf dem Felde beläßt, damit es sich an Umfang vergrößere, ist sofort, wie auch später maaßerpflichtig“ im Gegensatz zu $4_6\alpha$, wo auch nichteßbare Dinge maaßerpflichtig sind oder nicht als eßbar betrachtete. Demnach war es nach jenem Josua eigentlich maaßerfrei, nach dem von ihm bezeugten Brauch (der wohl auf E zurückging) maaßerpflichtig. Die Regel am Anfang geht, wie wir gezeigt,**) auf Sim. hin, der mit Ak und J im Einklang steht, und G ist demnach gleich E. Auch der Satz von כסבר $3_5\beta$, womit diese Reihe anfängt, ist nach T 3_7 E und demnach das Ganze auf Id zurückzuführen. Daß diese Satzungen vom Anfang entfernt wurden oder daß sie, wie wir gleiches in Ther. gezeigt haben, nach Id's Ordnung ihre Stelle gefunden haben, liegt am halakhischen Gegensatz zu den Anfangsregeln.

Haben wir also JE zum Teil in Verbindung § 23 S.
mit älteren Teilen und andererseits mit Ak gefunden, so muß von uns auch S (die Schulmischna der Beth Hillel und Beth Schammai) aufgedeckt werden können.

a) 5_2 verpflichtet, wie wir gesehen, der Sabbatspeisekorb zur sofortigen Verzehntung, und zwar nach den Hilleliten, während die Schammaïten dies nicht zugeben. 2_4 dagegen geben die Andern dem E für den Speisekorb der Feigen (die noch unreif) nach geschener Therumah die Maaßerpflichtigkeit

*) S. Einl. zur ersten Hälfte.

**) § 14 a.

zu, die E für jede geschehene Therumah annimmt. So besagt es nach dem מודים T 2_2 die Baraitha, daß E den Speisekorb auch für verpflichtend angesehen. Es kann aber auch sein, daß E die כלכלה für nebensächlich hielt, die Andern sie als גמר מלאכה für maßgebend angesehen haben; wohl paßt dann dazu wenig der Ausdruck מודים, aber es bleibt kein anderer Ausweg da, um E, dem Schamuti, den Zusammenhang mit der schamaïtischen Halakha zu wahren. (Id hat vielleicht des מודים Jose's veranlaßt.)

Also der Speisekorb des Sabbats beweist für die Schammaïten nichts. Wohl aber der Eintritt des Sabbats, der nach der schammaïtischen Mischna $4_2\alpha$ in jedem Fall die Maaßerpflicht hervorruft. Da hier Kinder in Frage kommen, so ist dies nach Ther. 1_3 (E)*) schammaïtische Halakha, und der Eintritt des Sabbats ist in jedem Falle maßgebend. Gleichen Sinn hat T 3_4, wo nur Erwachsene genannt sind, da nach Id (das.) dies Hillel verboten hat. Ebenso $4_2\beta$, wo die für einen andern gesammelte כלכלה dem Empfänger Maaßerpflicht auferlegt, nach Id T 3_3 ein Wort Hillels.

Davon, daß die Früchte für den Sabbat bestimmt sind, sagt die Mischna kein Wort, und der Zusammenhang macht es nicht nötig. Dies kann vielmehr die Quelle für die חכמים $2_4\beta$ sein.

Wir haben schon oben gezeigt,**) daß wir hier Id's Reihe vor uns haben, T z. St. mit ihrem ר' יוד' א' הלל עצמו הי' אוסר beweist das. Letztere Worte sind merkwürdig, wo es sich um bekannte Erschwerungen der Hilleliten handelt. „Hillel selbst hat es verboten", nicht erlaubt, wie man annehmen müßte. Es muß von anderen Tannaïten ein Verbot dieser Art nicht angenommen worden sein; erst Id bietet den Beleg dazu, aber als hillelitisch.

So sind die drei in 4_2 liegenden Halakhot, von Id überliefert, S, und zwar zum Teil Worte Hillels, während Schammai die כלכלה nicht als maaßerbestimmend annimmt.

*) Nämlich Id (gegen M), der hier E vertritt.
**) § 18 a und 19.

b) 5_{3-5} fanden wir Verkaufshalakhot. Dem Am haarez und dem Uebertreter der Schebjithsatzungen dürfen nach erreichter Maaßerverpflichtung keine Früchte, dem Nichtneëman keine Fruchtreste verkauft werden. 5_{3-4} müssen S-Sätze sein! Und zwar nach Schebiith 5_8 Demai 6_6. Nach letzterer Mischna verbieten die Schammaïten den Verkauf von Oelbeeren an einen Nichtchaber, die Hilleliten nur an den Am haarez. N bemerkt daselbst, daß sich die besseren Hilleliten nach den Schammaïten richteten. In unseren Mischnas ist nur der Verkauf an den Am haarez verboten, also scheinen sie, wenn auch in Demai Rücksichten von Toharoth und hier von Maaßeroth und Schebiith herrühren, auch S zu sein, und zwar hillelitische Mischna unter Weglassung der schammaïtischen.

Und wirklich ist es nach T 3_{13} S.*) Denn nach SbG lehren beide Schulen, daß dem Nichtchaber feste Fruchthaufen nicht zu verkaufen sind, auch aus Toharothgründen, wogegen man ihm Weizen verkaufen darf, selbst wenn man weiß, daß er den Teig nicht in Reinheit herstellt. Einer jener Ausgleichsversuche, mit denen hier SbG gegen Jose (s. 1. Hälfte, zu Demai 6_6) auftritt. Jedenfalls ist 5_{3-4} S, und ohne SbG's Worte steht es mit Demai 6_6 in bestem Einklang.

Die Mischna sagt nichts davon, daß hier (s. Jer.) vom Getreidefelde die Rede ist. SbG spricht von גדיש, dem Getreidehaufen, und in Demai ist, schon wegen der Tharothrücksicht, sicher von abgeschnittenen Früchten die Rede. Allerdings kann es hier auch das Getreidefeld sein, aber S selbst hatte das nicht unbedingt im Sinne. SbG's Wort geht nur auf 3_5.

c) T 1_1 sagt SbG: Beth Schammai und Beth Hillel streiten nicht über das Vollreife, daß es dem Vorjahre, und über das noch nicht Blühende, daß es dem nächsten Jahre angehört. Ueber was streiten sie? (folgt eine Einzelhalakha).

*) Wieder ein Beweis, daß diese Art der Quellenforschung keine „ernsten Bedenken“ hervorruft!

So müssen in der Aufzählung der Früchte und Pflanzen am Anfange S-Sätze vorhanden gewesen sein, die entweder nicht in die Mischna aufgenommen oder von SbG, wie uns 5_{3-5} zeigt, unkenntlich gemacht worden sind, indem nur die halakhischen Ergebnisse in jenen Aufzählungen sich zeigen.

Ein zusammenhängendes Gefüge bietet auch S nicht, so wenig wie AK und JE. Aber gegen den Bestand von S in der Mischna vermehrt unsere Auffassung nicht unbeträchtlich das Maaß sicherer S-Sätze. Ueber T 3_{10} siehe § 15 b. Vgl. Bezah 2_8.

§ 24. A_2.*) Von vornherein haben wir die Pflanzenaufzählungen am Anfang und deren Bruchteile in der Mitte und am Ende und die Halakhot des Hofes im dritten Abschnitt für die Kernteile des Traktats angesehen (1_{2-8} $3_9\beta$ $4_5\beta_6$ 5_8; und 3_{5-10}).

1.) Der erste Teil der Regel 1_1 כל שהוא אוכל etc. scheint sich auf den ersten Abschnitt zu beziehen; נשמר und גידולו מן הארץ vorwiegend auf כסכר, auf סיאה $3_9\beta$ etc., wogegen תחלתו וסופו אוכל vorwiegend sich auf $4_5\beta_6$ zu beziehen scheint. Was im Hofe steht ist נשמר, und die Ende 4 genannten Dinge entsprechen nach T 1_1 dem כל שתחלתו אוכל, wenigstens dem Hauptbestande nach. T 1_1 מקיים, $4^5\beta$ זרעה לזרע. Diese Stellen mußten, wie die Regel, von der sie abhängig sind, an einem Orte stehen. Wir haben oben gesehen, wie und zu welchen Zwecken sie von einander getrennt wurden. (S. § $3,_4$ und § 22 e.

Sie sind älter, als der übrige Traktat. Wenn $5_{2,5}$ oder sonst in der Mischna von עונת מעשרו׳ die Rede ist, so bezieht sich 's auf diese Stelle. Und nach MS 5_8 hat schon Ak darauf hingewiesen. Wenn Ther. 1_{10} vom דבר שנגמר׳ מלאכתו die Rede ist, wird diese Stelle vorausgesetzt. Sie ist für die Zehnten- und Hebetraktate unentbehrlich.

*) A_1 A_2 nennen wir die beiden ältesten Quellen.

2.) Hier finden sich denn auch die für A_2 von uns in Peah, Demai, Kilaim und Schebiith gefundenen Zeichen, Reime, Stabreime, alphabetische Bruchstücke und ähnliches.

Wir heben nur die betreffenden Stichworte hervor, und die Satzteile nur, wenn sie rhythmisch wichtig sind.

a) Reime: 1_2 משיבהילו משהבאישו ,משיאדימו, vielleicht auch משיטילו, während גידין Erklärung ist.*) Dann die bekannten הקשואין והדלועין 1_4, und darauf ··· האבטיחים ···· והתפוחים, wo, wie oft im Anakreon, die Anfänge der Reihen reimen.

Vielleicht standen die מלפפונות und אתרוגים einst davor, und letztere sind nachgerückt (und damit auch die ersteren, um den reimenden Worten die Gleichheit der Stellung zu sichern), um die Halakha von den אתרוגים $1_4\beta$ anzuschließen. Nehmen wir doch ohnedies (s. o.) Simon als Ordner dieser Aufzählung an. Dann reimartig und rhythmisch

החייב בשקדים המרים פטור במתוקים
החייב במתוקים פטור במרים

Siehe dazu Chullin I gegen Ende, wozu auch MS 1_3 gehört. התמד עד שלא החמיץ אינו נלקח בכסף מעשר ומשהחמיץ נלקח בכ"מ (auch שקדים davor), in Chullin sich an Obiges anschließend. Ein weiterer Beweis, wie wir es in unserer demnächst erscheinenden Darlegung über Therumoth gezeigt, daß diese Traktate einst mit Kodoschim vereint gewesen. Dieses Chullinstück kennzeichnet sich als alt. (cfr. **Maaß.** 5_6!).

Weiter beachte man 1_6

צמוקין חרובין
הקוטעין הצדרין
עקל ממל 1_7

Rhythmisch durch die Tonsilbe bestimmt sind התלתן משתצמח, היין משיקפה, הרמנים משימסו. $1_{2,3,7}$.

*) Doch siehe später.

b) Bei Betrachtung der Stabreime muß beachtet werden, daß Kehllaute ganz besonders eine Gleichheit des Klanges hervorrufen und ע nasal gesprochen wurde: האגווים משיעשו; הענבים והאבשים (הבאושי׳) משהבאישו מגורה (hinter גידים; sollte dies Wort zum Urbestande gehören, so scheidet משיטילו aus den Reimen aus.)*) Id האגווים והשקדי׳ משיעשו קליפה, darauf החרובים משינקדו als drittes Glied; vielleicht הקש·אים והדל׳שיפקסו האגסים והקרוסטומלין משיקרחו (doch führe ich dies als zweifelhaft der Vollständigkeit wegen an). ירק הנאגד משיאגד ist keine schlechte Verbindung, wenn auch ohne alles schon halakhisch notwendig und demnach nicht sicher; dann הקטניות משיכבור; ער שיעמיד ערימ׳ חמטה תמחוי (hervorstechendes Beispiel!). Id (s. o) ומגורה משיעגל העגול משיחליקו! חוץ מדבר שיש בו חומץ וציר. Stabreimartiger Anschluß שותה. השמן.

c) Alphabetische Bruchstücke, wobei, wie unsere Einleitung zur ersten Hälfte besagt, die Stammbuchstaben zu beachten sind, (nicht die Anfangsbuchstaben): משיפקסו und משיעמיד ערימ (פ, dann ע, beim ersten Beispiel für ערימה); die Hauptbegriffe כלי, dann כלכלה dazwischen ער שילקט dann ער שימלא (also von כ bis מ) in den halakhischen Hauptbegriffen. Man beachte הפרד והצמוקין, (והחרובין des Reimes wegen) משיעמיד ערימה (פ׳ צ׳ ע׳, beim zweiten Beispiel für ערימה); הבצלים**) משיפקל (צ und פ) dann משיעמיד ערימ׳ (drittes Beispiel für ערימה); הקטניות (Fortsetzung von צ), dann das als alt bezeugte קוטעים צרדים, wozu קולט, משיקפה (גת wegen ג״ק, wozu העליונה), צנור (also

*) Doch siehe oben.

**) ב, das oft Beugungssilbe ist, ist hier unwillkürlich nicht zum Stamm gezogen.

(ש׳ ר׳ ק׳) השמן (*משירד לעוקה; (צ׳ ק׳). Dann von עוקה zu עקל (Reim ממל), zu פצים (ע׳ פ׳, auch merkwürdiger Weise zweite Buchstaben ק׳) צ׳; dann קדירה, wieder ק׳ (לפס vielleicht später hineingefügt, denn der nächste Begriff ist) רותחין. — Am Schlusse הגרוגרת משידוש neben (ומגורה משיעגל).

Von den hierher gehörigen Stellen s. $3_{5:6}$ כסבר מקרטם: הסאה, והאווב, והקרנם (S- und K-Laute).

5_6 המתמד ונתן מים במדה ומצא כדי מדתו etc., nachher מוציא עליו ממקום אחר (daß die Stelle alt ist, haben wir oben angedeutet (zu MS 1_3).

5_7 שום בעל בכי ובצל ... וגריסין הקילקין והעדשים ··· הקרק ס הקוטנים (ע nasal und ד: wie ל mit ר wechselnd).

Ueber diese Zusammenstellung lache, wer will. Er muß dann über den Zufall spotten, der nur hier, in den als alt bezeichneten Stellen, solche merkwürdigen Bruchstücke finden läßt, die alle alten Schrifttümer zeigen; der spotte des Lehrers, dem jedes Hilfsmittel zum gedächtnismäßigen Erfassen eines solchen Stoffes willkommen war, zumal in der ältesten Zeit, wo wirklich nur die Grundbegriffe zusammen standen, während die von uns fortgelassenen Mittelglieder als erklärende Zusätze einer späteren Zeit sich zeigen.

Wo es möglich war, sind, wie $1_{7:8}$, auch diese Zusätze, wie sie selbst alten Quellen entstammen, dieser A_2-Quelle angeähnlicht. Wir sind streng nach unseren Grundsätzen vorgegangen, die wir nicht erdüftelt, sondern aus dem Vorhandenen herausgezogen haben. Wer sich mit den Alten eingehend beschäftigt hat, wird wissen, daß weit weniger her-

*) ו aus gleichen Gründen wie vorherige Bemerkung nicht zum Stamm gezogen, zumal es hier wirklich Beugungssilbe ist.

vorstechende Beispiele genügen, um z. B. aus Horaz ähnliche Ergebnisse hervorzuholen.

Ueber die Eingangsfrage מאימתי als Zeichen der ältesten Mischnaquellen s. unsere Zusammenstellung 1. Hälfte in Schebiith Ende.

d) Als zweites ältestes Glied haben wir 3_{5-10} angenommen. Da finden wir חצר הצורית (Stabreim) und א׳ פותח ואי׳ נועל als älteste Bestimmungen. Vielleicht ist חצר חייבת auch als Stabreim gedacht. Außerdem erscheint uns גפן כו׳ כו׳ alt, wie auch תאנה etc. Ersteres wegen der Tannaitennamen Ak und Tarfon, letzteres wegen des Zusammenhangs mit MS 3_7 (wozu 3_8, wie wir später sehen werden, alt, zu beachten). Alle anderen Teile kennzeichnen sich als spätere Zusätze.

Gerade in diesen Teilen finden wir S (s, o. T); von 1_5 gehen die כלכלה-Satzungen $4_2\beta$ (S) 2_4 (zu E) und wohl auch 5_1 (Eb A) aus. 3_5 sehen wir Ism. und Ak, 3_9 Tarfon und Ak, $4_{5,6}$ E, Ak und nach einer Lesart G. 5_8 stehen Ak's Schüler auf dem Boden einer alten, weil alphabetischen Satzung.

e) Vielleicht gehört auch 4_1 hierher

הכובש השולק חמולח

המכמן המטבל הפוצע

הסוחט המקפה

Diese Satzungen hängen, wie wir noch sehen werden, mit den ältesten Begriffen des Genusses beim Maaßer zusammen; als alt haben wir 4_2 erkannt (s. o.): תינוקות שטמנו תאנים. Auch E's מעטן טהור וטמא kann vielleicht hierher gerechnet werden.

Maaß. 1_2 etc. mit den dazu gehörigen Stücken und 3_5 etc., vielleicht $4_1\alpha$ und 5_7 erschienen uns als A_2. Sie enthalten die Grundlagen für alle Maaßer- und Hebetraktate. 1_{2-4} gehört außerdem einem größeren Stück an, wovon wir unter dem gleichen

Meëmathaizeichen in Schebiith 4_{7-9} einen Teil finden mit dem steten Hinweis auf unsere Stelle Maaß. 2 etc. Und das Alter der Meëmathaïsätze haben wir 1. Hälfte Ende Schebiïth, wie ihren Zusammenhang, dargetan.

Von 1_5 beginnt eine zweite Reihe von Angaben über die Zeit der Maaßerpflichtigkeit, die ursprünglich selbständig neben der ersten gestanden haben mag, ehe man sie halakhisch vereint und jeder Reihe einen besonderen Zweck zugewiesen hat. Ursprünglich waren es wohl verschiedene Bräuche.

Nach Schebiith weisen uns auch $5_{3,8}$. Nach Peah, dem Zwillingstraktat von Schebiith (s. 1. Hälfte) die Regel Maaß. $1_1\alpha$ = Peah 1_4 (bis מן הארץ), die Sätze Peah 1_6, die auch für Maaß. gelten. So teilt Maaß. alle Gebiete und Beziehungen, die wir früher für Peah und Schebiith nachgewiesen haben, im Gegensatz zu Therumoth, das ein jüngeres Gepräge hat. Schebiith setzt für den Genuß der Jahresfrüchte Aehnliches voraus, wie Maaßeroth für die Reife, und unterscheidet auch den Genuß auf dem Felde von dem im Hause nach zwei verschiedenen Stufen der Reife. Auch in Schebiith a. a. O. mag, wie hier in Maaß., zwischen verschiedenen Bräuchen ein halakhischer Ausgleich gemacht worden sein.

Zu den ältesten Maaßerbestimmungen gehörte schon die Satzung, daß die Einheimsung in Tenne, Hof und Haus die Zeit der Verzehntung sei.*) Um sich den Maaßeroth zu entziehen, genoß man nun die Früchte auf dem Felde. § 25. Einige begründende Bemerkungen für die älteren Teile.

Auch die Halakhot des Hofes und Hauses zeigen von vornherein keine Verknüpfung mit einem besonderen Traktat Maaßeroth, sondern mit den Ende 3 genannten verschiedenen Gebieten, so daß man verwandte Stücke in MS 3_7 ff. Pes. $7_{13}\beta$ Makkoth $2_7\beta$ Erakh 9_8 ff. findet, die einst vereint gewesen.

Außerdem zeigen die Hofhalakhoth Verbindungen nach Succah hin, das bezüglich des vorübergehenden Imbisses oder der Mahlzeit, wie auch bezüglich der Hütte Aehnlichkeiten mit den Maaßersatzungen aufweist. (S. § $15,_3$, Sukkah $2_{4,5}$ und § 21 c.)

S muß diese Satzungen schon vorgefunden haben. T. 1_5 beweist, daß die Schulen über שנה שנה gestritten, so daß die Pflicht, die Jahresernten auseinander zu halten, sich hier zuerst findet; ob die

*) S. § 8_1 Bemerkung.

Meëmathaiaufzählung darin ursprünglich so genau war, ob sie mehr als volkstümliche Zeichen der Reife bieten wollte, wissen wir nicht.

Von 1_6 הכלכלה ging כלכלת שבת von S aus (4_2), so daß wir hier die erste Spur der maaßerverpflichtenden Kraft des Sabbats finden. Nicht den Früchten an sich gilt der Zehnt, sondern dem Genuß und der Verwertung. Um keinem Gelegenheit zu böswilliger Umgehung der Maaßerpflicht zu geben, wurde der mahlzeitartige Genuß ebenso maaßerverpflichtend, wie jeder Genuß am Sabbat, da dieser Tag dem Landmann zur Ruhe und Behaglichkeit des Genießens durchgehends die Gelegenheit bietet. Auch die Bereitungsart, ob z. B. Salz dazu genommen wurde, wie etwas mit dem Feuer in Verbindung trat, mußte beachtet werden. In allen Punkten stimmten die Schulen nicht überein; so wollten die Schamaïten die Vorbereitungen für den Sabbat nicht in aller Ausdehnung maaßerverpflichtend auffassen.

Weiterhin brachte der Getreidehandel im großen es mit sich, daß vornehme Geschäftshäuser, wie „die Verkaufsläden der Söhne Chanans“*) überhaupt von jeder Verzehntung sich frei machten, da sie ihr eigenes Getreide verkauften und fremdes zum Genuß kauften.

Da müssen die Schulen die Verordnung getroffen haben, daß Kauf und Verkauf zu Maaßer verpflichte; finden wir doch Halakhot dieser Art schon bei Tarfon, gegen den Ak streitet, also als altüberlieferte Satzungen.

Aber auch die Schulen haben noch so wenig einen Traktat Maaßeroth im Auge, daß weitere Verkaufverbote, wie wir gesehen, mit Schebiit und Demai in Verbindung stehen.

Wieviel von den Urbestimmungen über Maaßeroth thoramäßige, wieviel davon rabbinische Pflicht ist, darüber ist ursprünglich nicht gestritten worden. So lange der Tempel stand, wurde alles als thoramäßig infolge der Deutungen des Thorawortes oder

*) Sifri 105 Parallelstellen.

infolge der Ueberlieferung, der mündlichen Lehre, betrachtet.

Kommen wir zu dem Zeitalter nach dem Falle des Tempels, so war man geneigt, Alles für nur rabbinisch anzusehen. E*) will den Umfang der ursprünglichen Verzehntung $4_{5,6}$ festhalten; Ak kommt (wohl in J's Namen) mit der Bestimmung, nur die Frucht sei zu verzehnten. E hält Terumah in jedem Falle, auch bei „nicht vollendeter Arbeit" für maaßerverflichtend — die Anderen, also J, halten im allgemeinen an dem נגמרה מלאכתו fest. E betont die Toharoth entschieden, die Andern erleichtern. (1_8 cf. Ther. $11_{2,3}$, Maaß. 4_3.)

Was die Art des Genusses anlangt, so sucht Ak, was er dem Volke an Umfang der Gabe, also der Opfer, erleichtert, in den Bedingungen der Verwertung erschwerend wett zu machen, damit die Erinnerung an das Einst nicht schwinde und die Pflicht als thoramäßig geachtet werde. So beim Kaufe der Einzelfrüchte $2_{5,6}$, 3_9. Beim maaßerflichtigen Hofe beschränkt er den Begriff desselben der älteren Satzung Ismaels gegenüber. (§ 21 f) Von einem Traktat Maaßeroth kann bei diesen Einzelsätzen noch nicht die Rede sein. Reihen von streng-gebauten Halakhot finden wir erst bei M und Id.

Diese bearbeiten auch, wie alle Akibaschüler, die ältesten Bestandteile (Id $1_{2,7}$, M $1_9\beta$, Simon 1_4, s. außerdem T zu diesem Aschnitte), und sie gestalten dieselben halakhisch aus.

Auch in Maaßeroth hat sich der Grundsatz**) nicht verleugnet, daß durch M Ak und durch Id E, Tarfon und E b A angeführt und behandelt werden; wie in Ther. ist am Anfang der Sonderreihen, die R angefügt hat, M. die Grundlage (also von 2_1—3_5), im zweiten Teile dagegen Id (von 4_1 an), wie in Ther. leiten Uebergänge von den vorhergehenden Ab-

*) Der Erhalter des Alten.

**) Von uns in der ersten Hälfte nachgewiesen, siehe auch oben über alle Genannten.

schnitten zu den Sätzen dieser Tannaïten hin. (Siehe § 16 Anfang, § 18 a, b.)

M geht von den Satzungen des Hofes und des Verkaufes aus. Die neuen Fragen lauten: Was nenne ich in das Haus einführen? Auch den Eintritt des reisenden Händlers in die Herberge? Oder seinen Eintritt in den Ort, wohin er reisen will? Da wird zwischen dem Reisenden, der ein Sonderziel hat, und zwischen dem, der stets handelnd umherzieht und in jeder Herberge seinen Wohnort hat, ein Unterschied gemacht (2_3). Und weiter: Kauf und Verkauf sind maaßerpflichtig! Auch geschenkte Früchte? Ist Schenkung gleich Kauf? Und wenn man diese Früchte ins Haus bringt? Gleicht das dem Einbringen eigener Früchte in die Tenne? Und wie weit geht das Vertrauen bezüglich des Demai in diesem Falle?

Die Halakhot des Kaufes werden nach der Kaufformel hin gestaltet, ob man die Früchte am Baume oder schon losgelöst kauft? Id erleichtert hier, wo es sich um Nebenbedingungen handelt, mehr, als M. Ersterer beruft sich auf die alte Halakha, die all solche Erschwerungen nicht kannte, wie sie 2_6 gebracht werden; doch muß Id M etwas entgegenkommen, wie z. B. 2_5 besagt.

Der Herr des Raumes ist 2_2 und 3_1 zum Maaßer verpflichtet, während die Hausgenossen frei sind.*)

Kommen wir zum zweiten Teile, den wir mit 4_1 beginnen, so ist es Id's Halakha, wie wir schon gezeigt, erkennbar in der Sprache, Reihenfolge und im Aufbau der alten Satzungen, Ausgestaltungen der Verordnungen, welche S bezüglich des Genusses getroffen, die nicht nur den Sabbat und den Tisch, sondern auch Oelbeerhaufen und Kelter betreffen, damit nicht אכילת קבע ohne Verzehntung vorgenommen werde; ja, selbst der Genuß der Aehren kommt in Betracht. (S. § 18—19.)

*) Zu diesen M-Satzungen leitet המחליף $2_8\beta$ ebenfalls M, hinüber.

Hier zeigt sichs nun, daß, wie wir es auch schon in Ther. gesehen, bei Id die älteren Teile, wie 4_{1} $_{5}β_{6}$ von neueren Stücken durchsetzt worden sind, welche deren Ausgestaltung oder Erklärung bilden.

Die erste Spur der Arbeit auf einen Sondertraktat Maaßeroth hin zeigt sich uns bei Simon, der Anfang und Ende der Pflanzenaufzählung mit seiner Regel und seinen Bemerkungen versieht, so daß diese ganze Reihe, wie sie zum Teil vorne gesondert, zum Teil über das Ganze verstreut liegt, von ihm als ein Ganzes gedacht wurde. (S. § 14 a, b.)

Wenn Simon ben Id in Simons Namen den Viehzehnt mit dem Pflanzenzehnt zusammenzieht, so will er sie auch als גידולו מן הארץ angeben, genau wie in der Regel am Anfang von Maaßeroth. Und es ist anzunehmen, daß auch die im Sifri zu עשר, Sifri II 105, (cf. 3_{1} Babli zu Erub.), darauf folgenden Stellen, die der weiteren Regel und der gesamten Pflanzenaufzählung entsprechen, wie wir am Anfang gezeigt, ebenfalls von Simon stammen; folgen sie doch auf obige Stelle und haben wir doch von vornherein diese Aufzählung Simon zugesprochen.*)

Simon ist es auch, der Ak's Ansichten über die bloße Verpflichtung der Frucht zum Maaßer vorn weiter ausgestaltet; er ist es, der 4_{3-5} als שדה פירות erklärt; er, der die Halakhot des Genusses im vierten Abschnitt, wie T beweist, ausgestaltet, vielleicht in Erweiterung der Ansichten Id's; er, der Id's Halakha 3_{8} erleichternd erweitert, was sein Sohn Eleasar noch mehr zu 2_{5-7} bekräftigt, indem er noch mehr erleichtert und es auf andere Verhältnisse ausdehnt; er ist es, der 2_{4} in Id's Mischna ebenfalls erleichternd eingreift. Wir sehen in Simon den jüngsten Ak-Schüler, der das Werk seiner älteren Mitschüler ordnet, sichtet und in seinem Sinne berichtigt. (S. § 14.)

SbG haben wir als den Sonderer der Pflanzenaufzählung in mehrere Stücke kennen gelernt; er benutzte dabei wohl Id's Ordnung, der die jüngeren

*) Nach Hoffmann „Einl. i. d. hal. Midr." würden diese Stellen schon als סתם ספרי Simon angehören.

Halakhot gemaraartig zwischen die älteren gestellt hat, so daß die letzteren schon dadurch vom Anfang weiter nach hinten kamen und hat so Gelegenheit gefunden, die Aufzählung mit anderen Halakhot zu bereichern. Haben wir doch gesehen, daß SbG mit R Maaß. 2 an Maaß 1 und 3 an Maaß. 4 angeschoben und auch den Uebergang aus der ersten Quelle in die Quelle Id's bewirkt hat. (S. § 13.)

SbG im Verein mit Jose gestaltete die Arbeitergesetzgebung aus,*) wie wir in der ersten Hälfte gezeigt haben. Die Nachfolger trennen die Halakhot nach verschiedenen Seiten hin, und so kommt ein Teil nach B M, ein anderer nach Maaßeroth. (Siehe § 13 d und § 17.)

SbE schiebt $3_4\beta$ und $3_5\alpha$ zusammen und stellt so die Brücke zwischen den Arbeitersatzungen und den Halakhot vom Hofe her und zwar mit dem allgemeinen Verbot, im Hofe etwas zu genießen; ein weiteres Verbot galt der Vorbereitung einer längeren Mahlzeit, selbst wenn sie am Freitag beginnt. Er hatte noch Sabbat und Festessatzungen in Maaßeroth zusammen (wie T 3_{10} beweist, siehe § 15.)

Was noch weniger ausgestaltet und der Stellung nach noch nicht fest bestimmt war, das beschloß nun R mit seinen Genossen. Wie wir aus T erkannt haben, hat er T 2_5 und T 2_{22} mit SbG peinlich ins Einzelne gehende Erörterungen, die schon weit über die Mischna hinausführen, T 2_{10} und $3_5\beta$ zeigten uns das gleiche Bild mit Jose bar Id, und Mischna 5_5 zeigt R wieder an einer Stelle, die, wie alle die angegebenen, uns gerade den Ordner und endgiltigen Zusammenfüger großer Stücke kennzeichnet. (Siehe § 12.) — Die amoraïschen Teile behandeln wir am Ende der zweiten Hälfte dieses Bandes.

*) Doch war sie von M und Id jedenfalls halakhisch vorbereitet (s. Ende 2 und 5_6).

FSC
www.fsc.org
MIX
Papier | Fördert
gute Waldnutzung
FSC® C083411

Zeitfracht Medien GmbH
Ferdinand-Jühlke-Straße 7
99095 Erfurt, Deutschland
produktsicherheit@kolibri360.de